KONSTANTIN BÖRNER
FRANK RAKOW

Auf — Sauen jagen

MIT HERZ UND VERSTAND

Erfolgreiche Schwarzwildjagd
dank wildbiologischem Know-how

KOSMOS

☞ *Inhalt*

MIT VERSTAND UND KONSEQUENZ

Schwarzwild gehört zweifellos zu den größten aktuellen Herausforderungen für die Jägerschaft.

Es mischen sich dabei Freud und Leid. Freude an dem spannenden Weidwerk auf dieses einzigartige und faszinierende Wild auf Ansitz, Pirsch und Drückjagd – aber auch Leid, wenn sich unsere borstigen Gesellen im Feld gütlich tun und der Jäger finanziell dafür geradestehen muss. Tatsache ist, dass sich die Bestände ungeachtet jährlicher Schwankungen auf dauerhaft hohem Niveau bewegen – mit weitreichenden Folgen: erhebliche Schäden in der Landwirtschaft und ein zunehmendes Risiko der Ausbreitung der Afrikanischen Schweinepest. Eine konsequente und wirksame Bejagung ist daher unerlässlich. Sie muss straff und effizient erfolgen, um die Bestände auf ein ökologisch und wirtschaftlich tragbares Maß zu regulieren. Doch bei aller gebotenen Dringlichkeit darf sie sich nicht auf bloße Reduktion beschränken und dabei die Kreatur aus den Augen verlieren. Denn der gesetzliche Auftrag umfasst nicht nur die Regulierung, sondern ausdrücklich auch die Sicherstellung eines gesunden und sozial strukturierten Wildbestandes.

Der Muttertierschutz fordert bei der Schwarzwildjagd vom Jäger hohes Verantwortungsgefühl.

WISSENSCHAFTLICH BASIERT

Auf Basis neuer wissenschaftlicher Erkenntnisse zeigt dieses Buch, welche zentrale Rolle soziale Strukturen im Schwarzwildbestand tatsächlich spielen und wie mit diesen Kenntnissen eine tierschutzgerechte, fachlich fundierte Bejagung verantwortungsvoll in der Praxis umgesetzt werden kann. Eine sachkundige Bejagung erfordert besonderes Fingerspitzengefühl, insbesondere im Hinblick auf die Bachenbejagung. Der weit verbreitete Mythos der Leitbache wird kritisch beleuchtet. Ebenso wird die Rolle alter Kei-

Die Jahresjagdstrecke beim Schwarzwild unterliegt sehr hohen Schwankungen.

ler thematisiert, die biologische Funktionen erfüllen und integraler Bestandteil eines stabilen Bestandes sein sollten. Von zentraler Bedeutung und häufig Gegenstand kontroverser Diskussionen ist der Muttertierschutz. Auf Grundlage aktueller wildbiologischer Daten gehen wir der Frage nach, wann Frischlinge tatsächlich selbstständig sind. Denn sie benötigen ihre führende Bache weitaus länger, als oft angenommen wird. Eingegangen wird auf die heutigen Möglichkeiten der Bejagung auch unter Berücksichtigung moderner Technik mit Wärmebild und Nachtsichttechnik, die unterdessen bei der Schwarzwildbejagung eine wesentliche Rolle spielen. Zwischen notwendiger Regulierung und gebotenem Schutz liegt die Verantwortung des Jägers. Dieses Buch möchte Orientierung bieten, Denkanstöße geben und zu einem verantwortungsvollen Umgang mit dieser faszinierenden Wildart beitragen – mit Augenmaß, Fachwissen und jagdethischem Bewusstsein.

Dr. Konstantin Börner und Frank Rakow

WILDBIOLOGIE
— *Wissen schafft Jagdkompetenz*

Dr. Konstantin Börner

FRÜHJAHR

Der Winter ist endlich gewichen und damit die Kälte. Zahlreiche Sauen haben ihre Frischlinge bereits zur Welt gebracht.

Wie für viele andere Jungtiere unserer heimischen Wildtiere sind auch für Frischlinge die ersten Lebenswochen wichtig und können kritisch für das Überleben und die weitere Entwicklung sein. Um die neugeborenen Frischlinge zu schützen und zu wärmen, bleiben die Bachen in der ersten Lebenswoche mit ihren Nachkommen im Kessel. Obwohl ihr Aktionsradius insbesondere in dieser Zeit noch sehr klein ist, sind die Kleinen schon außerordentlich aktiv. Spielerisches Kampfverhalten, Aufreiten und Kopulationsbewegungen werden von ihnen bereits in den ersten Lebenstagen vollzogen.

Der Aktionsradius von Bachen mit jungen Frischlingen ist noch relativ klein.

Was die Beschaffung von Milch angeht, sind sie in ihrer Frühphase sehr flexibel. Sie saugen ggf. auch bei anderen Bachen der Rotte. Es kann in dieser Phase sogar gelingen, den Bachen fremde, verwaiste Frischlinge unterzuschieben. Nach etwa zwei Wochen versorgt jede Bache dann nur noch den eigenen Nachwuchs. Die Erkennung erfolgt über Laute und Geruch. Unter den Frischlingen entwickelt sich jetzt eine Saugordnung. Jeder behauptet von nun an eine eigene Zitze. Während die Bache die Frischlinge gut gegen Kälte schützen kann, können anhaltend regenreiche Phasen in den ersten Lebenswochen zu Verlusten führen. Aber auch vorgeburtliche Faktoren tragen zum späteren Schicksal eines Frischlings bei. Denn die körperliche Verfassung der Elterntiere beeinflusst, welchen Start sie ins Leben nehmen. Ist das Geburtsgewicht allerdings hoch und der Geburtstermin passend, sind gute Voraussetzungen gegeben, dass es zu einer günstigen körperlichen Entwicklung kommt. Aber auch die Erfahrung der Mutterbache ist von Bedeutung. Denn wie es auf dem Weg zum erwachsenen Stück weitergeht, ist auch in hohem Maße von ihrem Verhalten abhängig. Durch soziales Lernen werden Verhaltensweisen der Mutterbache aber auch anderer Bachen des Verbandes von den Jungtieren übernommen. Verhält sich das Muttertier zu arglos, kann das Leben der Nachkommen bereits früh beendet sein. In einer österreichischen Verhaltensstudie wurde deutlich, dass der Aufzuchterfolg von „schüchternen Bachen“ unter günstigen Nahrungsbedingungen höher ist als der von aggressiven Stücken (VETTER et al. 2014). Der Grund wird darin gesehen, dass diese Tiere vorsichtiger sind und deshalb mehr Nachkommen durchbringen können. Da auch Feindvermeidungsstrategien tradiert (vererbt) werden, haben Söhne von erfahrenen Bachen später die größeren Aussichten, selber alt zu werden.

Überläuferkeiler müssen die Mutterrotte nach dem Werfen der „neuen“ Frischlinge verlassen.

SCHWIERIGE FRÜHPHASE

Nachdem die Frischlinge geboren sind, ist auch die Zeit für die Überläuferkeiler gekommen, die Rotte zu verlassen. Durch die adulten Bachen wird nun aktiv Druck ausgeübt und auf diese Weise die sogenannte Dispersion (Abwanderung) herbeigeführt. Die Tiere sind zu diesem Zeitpunkt das erste Mal auf sich gestellt. Allein oder in kleinen Überläufertrupps ziehen sie ab jetzt ihre Fährte. Anders als in den Rotten, existieren hier auch Gruppen aus nichtverwandten Stücken. Diese Verbindungen sind jedoch längst nicht so stabil und langlebig wie weiblich dominierte Rottenverbände (PODGORSKI et al. 2014). Wie groß die Abwanderungsdistanzen sind, differiert stark. Untersuchungen haben gezeigt, dass die durchschnittliche Abwanderungsdistanz bei Überläuferkeilern acht Kilometer betrug (CH. STUBBE 1987). Es sind jedoch auch Entfernungen von 30 oder 40 Kilometern bekannt. Die größte dokumentierte Abwanderungsdistanz betrug über 250 Kilometer!

Für Überläuferkeiler ist es wichtig, schnell an Gewicht zuzulegen.

ABWANDERUNGEN IN NEUE REVIERE

Auf der Suche nach einem neuen Territorium lauern viele Gefahren für die Abwanderer. Etwa 60 Prozent aller jungen Keiler haben am Ende des Überläuferalters ihr Leben gelassen. Wie groß die Gefahr ist, auf der Suche nach einem neuen Streifgebiet erlegt zu werden, ist – wie bereits erwähnt – auch eine Frage des Charakters. Erst in der jüngeren Vergangenheit hat man verschiedene Persönlichkeitstypen bei Wildtieren festgestellt. Wie unterschiedlich Schweine sein können, zeigt sich bereits in jungem Alter. Während die einen erkundungsfreudig sind und vorbehaltlos neue Gegenstände untersuchen, bevorzugen andere viel stärker die Nähe ihres Muttertiers. Auf das Revier übertragen bedeutet dies, dass es konservative Typen gibt, die in der Nähe des Geburtsortes bleiben und den Vorteil genießen, die örtlichen Verhältnisse gut zu kennen und sich dem Jäger zu entziehen. Andere neigen dazu, neue Lebensräume zu besiedeln. Das bedeutet aber eine erhöhte Wahrscheinlichkeit, erlegt zu werden. Für die Spezies Schwarzwild ist die „Produktion" verschiedener Typen sehr wichtig. Auf diese Weise können verschiedenste Lebensräume schnell und erfolgreich besiedelt und Ressourcen umfänglich genutzt werden. Da unsere Kulturlandschaft dynamisch ist, stehen sozusagen für jede Situation und jeden Lebens-

„SILVER-SPOON-EFFEKT"

Forschungen legen nahe, dass bereits die noch Ungeborenen von den Erfahrungen ihrer Eltern profitieren. So können bestimmte Erfahrungen der Elterntiere sozusagen in den Keimzellen genetisch gespeichert und auf diese Weise an die Folgegeneration weitergegeben werden. Diese Erfahrungen helfen dabei, besser auf die Umwelt vorbereitet zu sein. Frischlinge, die von erfahrenen Bachen zur Welt gebracht werden, haben deshalb höhere Wahrscheinlichkeiten, alt zu werden. Stücke, die dagegen in einer frühen Phase ihrer Heranreifung beeinträchtigt oder gestört werden, zeigen nicht selten Defizite, die sie auch später nicht mehr ausgleichen.

raum die richtigen Typen zur Verfügung. Das ist ein wesentlicher Grund, warum unser Schwarzwild so erfolgreich ist. Für den Überläuferkeiler ist es wichtig, schnell an Gewicht zuzulegen. Neben der Nahrungsverfügbarkeit im Lebensraum ist dies wiederum auch eine Typfrage.
An der Universität Hohenheim erforschte man die Gewichtszunahme von Überläufern. Dabei zeigte sich, dass ein besonders schnellwüchsiges Exemplar bereits nach 351 Tagen ein Gewicht von 90 Kilogramm erreichte, während ein anderes fast ein halbes Jahr länger dazu benötigte. Das Gewicht ist im Leben eines männlichen Stückes sehr entscheidend, denn der Fortpflanzungserfolg eines Keilers ist stark von seinen Körperdimensionen abhängig. Schwere Stücke haben einen signifikant höheren Erfolg, sich gegen ihre Widersacher durchzusetzen und sich damit auch erfolgreich fortzupflanzen.

Das Vorhandensein von Frischlingen sowie der geringere Jagddruck im Frühjahr sorgen für mehr Tagaktivität des Schwarzwildes.

IM FRÜHJAHR TAGAKTIVER

Im Frühjahr kommt es auch zu Veränderungen der Raumnutzung von Wildschweinen. Dies liegt zum einen daran, dass Frischlinge aufgrund ihres geringen Lebensalters noch nicht besonders mobil sind und dies die Aktivitäten der Rotte einschränkt. Ein weiterer Aspekt, der die Raumnutzung beeinflusst, ist der reduzierte Jagddruck in dieser Phase. Die Sauen fühlen sich sicherer und sind deutlich tagaktiver. Die Kombination aus Schutzbedürfnis der Frischlinge und dem Rückgang von Störungen spiegelt sich unmittelbar in den Aktivitäten und Raumnutzungsprofilen wider.

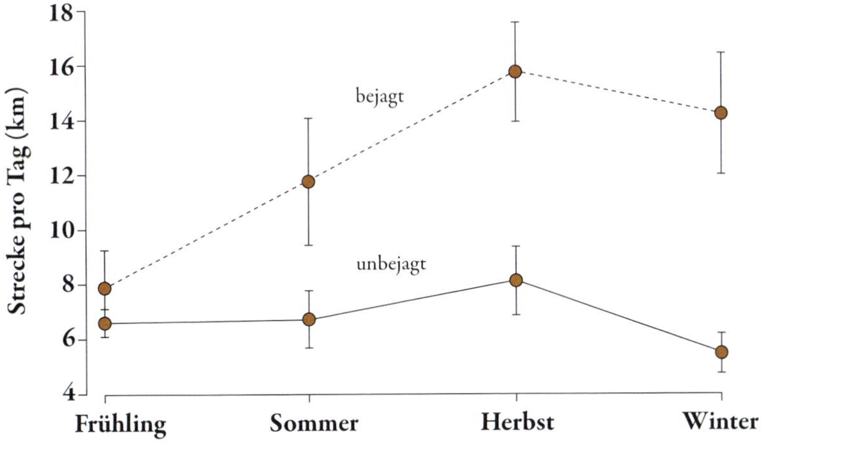

Im Frühjahr sind die täglich zurückgelegten Distanzen kurz (PODGORSKY et al. 2013).

Dass Wildschweine umhervagabundieren, ist durch Studien mittlerweile widerlegt.

In der Jägerschaft gibt es teilweise noch immer die Auffassung, dass Schwarzwild unstet umherziehen würde. Diese Annahme entstand möglicherweise unter dem Eindruck der Tatsache, dass Sauen keine Territorialität aufweisen. Denn tatsächlich überschneiden sich die Streifgebiete verschiedener Rotten, wie Forschungsergebnisse mittlerweile belegen. Dass Rotten aber umhervagabundieren würden, ist inzwischen in zahlreichen Studien widerlegt. Die jeweiligen Streifgebiete sind relativ konstant und können bis zu 3.000 ha groß sein. In der Regel werden innerhalb eines Jahres aber Streifgebiete von im Mittel unter 1.000 ha genutzt.

Dabei machen die Hauptaufenthaltsbereiche meist nur weniger als die Hälfte dieser Fläche aus. Das heißt, das Kerngebiet, in dem sich eine Rotte üblicherweise aufhält, ist nur etwa 500 ha groß. Fasst man die zahlreichen Studien diesbezüglich zusammen, zeigen sich zwei wichtige Faktoren, die die Raumnutzung des Schwarzwildes hauptsächlich beeinflussen: (1) die Erschließung von Nahrungsressourcen und (2) das Vermeiden etwaiger Störungen. Der Faktor Deckung ist dabei von ausschlaggebender Bedeutung. Ein permanent vorhandener Rückzugsort ist der Wald. Entsprechend liegen die Hauptverbreitungsschwerpunkte auch in Bereichen mit höheren Waldanteilen. Wald- und deckungsfreie Areale und Höhenlagen mit anhaltenden Schneelagen begrenzen dagegen die Verbreitung.

WAS ZÄHLT, IST ORTSKENNTNIS

Um Sauen erfolgreich nachzustellen, ist der entscheidendste Faktor, mit ihren lokalen Gewohnheiten vertraut zu sein. Die präzise Kenntnis von Wechseln, Einständen und Schlafplätzen, die teilweise jahreszeitlich differenziert aufgesucht werden, fördert den Jagderfolg. Jäger sollten sich Zeit nehmen, diese Daten zu digitalisieren, sie also optisch darzustellen und mit den Daten über Jagderfolge zu verknüpfen. Entsprechende Jagd-Apps können eine gute Übersicht schaffen und somit helfen, die Logik der Sauen nachzuvollziehen.

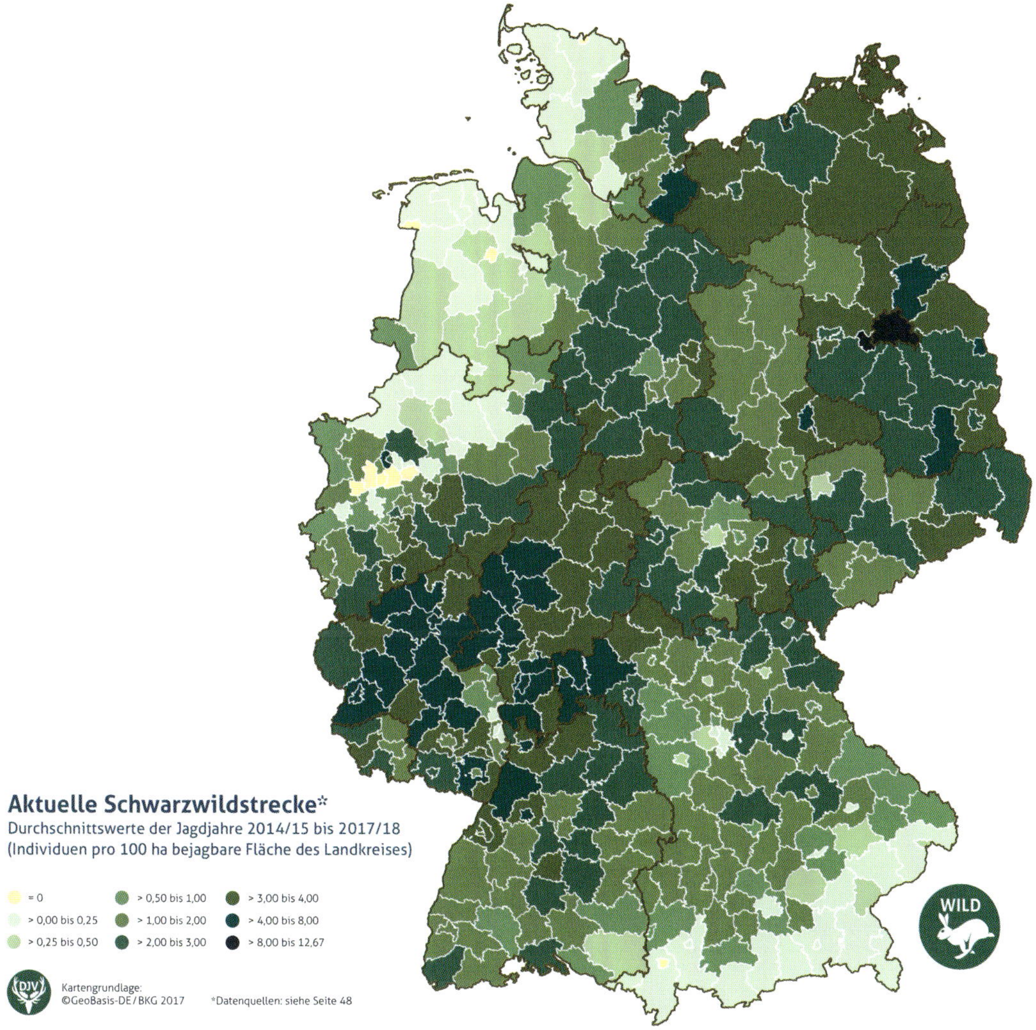

Im Alpenbereich und dem äußeren Nord-Westen Deutschlands werden nur wenige Sauen erlegt.

ERSTAUNLICH KLEINRÄUMIG

Sauen können in kurzer Zeit zwar viele Kilometer bewältigen, und so ist es wenig verwunderlich, das nächtliche Distanzen von 20–30 km möglich sind. Dabei handelt es sich jedoch um Ausnahmen. In der Regel werden während der nächtlichen Aktivität pro Stunde weniger als 500 Meter zurückgelegt. Werden Sauen also nicht gestört, ziehen sie in ihren Aktivitätsphasen relativ kleinräumig.

SAUEN UND GRÜNLAND

Mit der gesteigerten Mobilität der Frischlinge zieht es das Schwarzwild im Frühjahr regelmäßig auf Wiesen und Weiden. Oft wird dabei in kürzester Zeit eine Fläche, die monatelang unbehelligt blieb, umgedreht und schwarz gemacht. Neben dem Ärger mit dem Bauern um den Wildschadensausgleich, bleibt der Jäger in solchen Fällen mit einigen Fragen zurück. Warum zum Beispiel gibt es die jährlich wiederkehrenden Schadensspitzen im Frühjahr?

Und sind es tatsächlich die tierischen Proteine (Eiweiße), die die Sauen auf das Grünland zieht? Die Aufnahme von Proteinen über die Nahrung ist für tierisches Leben unverzichtbar. Die aufgenommenen Eiweiße werden im Körper in ihre Bausteine – die Aminosäuren – aufgespalten. Sie dienen neben der Energiegewinnung auch der Herstellung körpereigener Proteine für den Aufbau von Körperzellen und Funktionseiweisen des Stoffwechsels. Die Gewinnung erfolgt bei den Tierarten auf unterschiedliche Art und Weise. Wiederkäuer zum Beispiel sind in der Lage, durch Mikroorganismen im Pansen Proteine zu generieren. Diese Möglichkeit steht Sauen jedoch nicht zur Verfügung. Sie sind im Wesentlichen darauf angewiesen, Proteine aktiv aufzunehmen. Eiweiße setzen sich aus Aminosäuren zusammen. Grundsätzlich können Wildschweine alle benötigten Aminosäuren durch die Aufnahme pflanzlicher Kost decken. Deshalb kann in der modernen Haltung von Hausschweinen auf die Fütterung tierischer Produkte auch vollständig verzichtet werden. Für Wildschweine ergibt sich allerdings das Problem, dass in natürlicher pflanzlicher Biomasse manche Aminosäuren in nur sehr geringem Umfang vorhanden sind. Das ist der Grund, warum Sauen alternativ gerne auf tierische Kost zurückgreifen. Beispielsweise in Würmern und Insektenlarven finden sich einige essenzielle Aminosäuren, wie z. B. Lysin, in höheren Anteilen. Tierische Eiweiße sind demnach zwar nicht überlebensnotwendig, decken jedoch den Bedarf bestimmter Aminosäuren viel besser als pflanzliche Eiweiße. Zugang dazu findet das Schwarzwild sehr schnell durch das Umbrechen des Bodens. Denn knapp unter der Grasnarbe lagert ein ungeahnt reichhaltiges Reservoir: Pro Hektar Grünland können allein in den ersten 20 Zentimetern des Bodens bis zu 1,2 Tonnen tierisches Eiweiß vorhanden sein (LINDEROTH 2012).

In den obersten 20 Zentimetern der Grasnarbe ist eine Fülle an eiweißreichen Leckereien zu finden.

Eicheln enthalten nur wenig Eiweiß.

WILDSCHADENSAUFKOMMEN

In einer Analyse stellte der Wildbiologe Ulf Hohmann fest, dass Pächter für Schwarzwildschäden zwischen zwei und sechs Euro pro 100 ha an den Bewirtschafter entrichten mussten. Dies entsprach zwischen 10–46 % des Pachtpreises, der sich zwischen 6 und 20 Euro pro Hektar bewegte. Die Nichtverpachtbarkeit lag bei 0,3 %. Von 945 Revieren konnten drei nicht mehr verpachtet werden. Inwieweit Reviere in der Zukunft aufgrund zu hoher Wildschäden nicht verpachtet werden können, bleibt abzuwarten.

SPITZEN IM FRÜHJAHR UND HERBST

Schadensspitzen auf Grünlandflächen lassen sich eindeutig im Frühjahr und Herbst feststellen. Da man annehmen sollte, dass die Zahl der unterirdisch lebenden Tiere relativ konstant ist, wirft dies Fragen nach den Gründen auf. Zunächst ist dazu zu sagen, dass über 90 Prozent der tierischen Biomasse im Boden durch Regenwürmer gestellt wird. Andere Arten spielen entgegen der landläufigen Annahme nur eine sehr untergeordnete Rolle. Sie sind lediglich zeitweise zu finden (z. B. Schnakenlarven). Das Zustandekommen der Schadensspitzen hängt mit der Aktivität der Regenwürmer zusammen. Regenwürmer sind im Sommer und Winter in tieferen Bodenschichten vorzufinden. Weist der Boden aber Temperaturen von etwa zehn Grad auf, dann ist ihre Aktivität am größten, und sie sind sehr oberflächennah anzutreffen. Dies trifft in unseren Breiten besonders im Frühjahr und Herbst zu.

SONDERFALL: MASTJAHR

In Mastjahren gibt es eine Tendenz zu stärkeren Grünlandschäden. Denn die dann reichlich vorhandenen Eicheln und Buchen liefern zwar reichlich Energie, aber kaum Eiweiß. Zudem fehlen Mineralien und Vitamin B12. Dieses Defizit wird über tierisches Eiweiß ausgeglichen.

WO TRETEN DIE GRÖSSTEN SCHÄDEN AUF?

Schäden auf Grünlandflächen treten in aller Regel an waldnahen Standorten auf. Besonders die ersten 50 Meter vor der Waldkante sind meist betroffen. Das liegt daran, dass Schwarzwild offene Flächen möglichst meidet, um sich jagdlichen Zugriffen zu entziehen. Interessant ist außerdem, dass Sauen in der Lage sind, Areale mit hohen Regenwurmdichten zu identifizieren. LINDEROTH (2012) stellte zum Beispiel fest, dass Wildschweine eine Grünlandfläche absuchen und dabei immer wieder die Grasnarbe öffnen. Offenbar prüfen sie dabei das Vorhandensein der Regenwürmer stichprobenartig. Ist ein geeigneter Bereich gefunden, wird die betreffende Fläche großräumig freigelegt und abgesucht.

In zahlreichen Städten haben sich Sauen etabliert.

ANPASSUNGSFÄHIG, INTELLIGENT UND NERVENSTARK

In den letzten Jahrzehnten hat sich das Schwarzwild zunehmend auch urbane Bereiche erschlossen. Dabei ist anders als beim Grünland nicht offensichtlich klar, warum sie überhaupt den Weg in die Stadt angetreten haben. Angesichts der enormen Fraßmengen und der hohen Produktivität unserer Kulturlandschaften gibt Nahrungsverknappung kaum einen Anlass, aus dem ländlichen Bereich abzuwandern. Auch interner Populationsdruck dürfte kaum der Grund für die Landflucht sein. In der Wissenschaft wird diskutiert, inwieweit der Jagddruck im Offenland die Besiedlung der Städte begünstigt. Es ist zwar bekannt, dass Schwarzwild hohem Jagddruck ausweicht, dies führt aber eher zu Verlagerungen innerhalb des Lebensraumes. Grundsätzlich verhalten sich Sauen überwiegend konservativ. Sie bleiben in dem Lebensraum, in dem sie auch geboren sind, sie sind philopatrisch. Nur wenige Exemplare haben überhaupt die Bereitschaft, einen neuen Lebensraum zu besiedeln. Tatsächlich werden unter den vielen Frischlingen jeden Jahres nur einige geboren, die das Zeug dazu haben, dauerhaft in der Nähe zum Menschen zu leben. Diese Typen finden sich mit den Herausforderungen der Stadt besser zurecht. Genetische Untersuchungen bestätigen, dass sich urbane Populationen zumeist auf wenige Gründertiere zurückführen lassen. Auch wenn die Mortalität unter diesen Erderersauen generell groß ist, schaffen einige den Weg in die Stadt und etablieren sich dort. Auch später ist der Austausch zwischen Land- und Stadtsauen nicht sehr groß. Warum das so ist, weiß man nicht genau. Dies führt jedoch dazu, dass sich städtische Subpopulationen nach eigenen Dynamiken und losgelöst von den Sauen auf dem Land entwickeln. Um ein dauerhaftes Leben in einem neuen Habitat gründen zu können, müssen verschiedene Voraussetzungen gewährleistet sein. Neben einer ausreichenden Zahl an Versteckmöglichkeiten zum Schlafen und Frischen, muss genügend Fraß vorhanden sein. In puncto Nahrung ist der städtische Lebensraum sehr ergiebig. Zahlreiche natürliche und anthropogene Nahrungsquellen, bieten dem Schwarzwild eine

PROTEINE UND AMINOSÄUREN

In der Regel bestehen Proteine aus Ketten von mehr als 100 Aminosäuren. Bekannt sind 23 Aminosäuren, die am Aufbau von Proteinen beteiligt sind. Grundsätzlich unterscheidet man zwischen essentiellen und nichtessenziellen Aminosäuren. Erstgenannte können vom Körper nicht selbst gebildet werden und müssen in Form von Eiweißen aufgenommen werden. Bei Schweinen sind vier essenzielle Aminosäuren bekannt. Insbesondere die Aminosäure Lysin ist für Sauen schwer verfügbar und kann nur bedingt über pflanzliche Nahrung aufgenommen werden. Da sie in höheren Anteilen in tierischem Eiweiß enthalten ist, erklärt das den Hunger auf tierische Kost.

breite Palette an Futtermöglichkeiten. Interessanterweise sind die Ernährungsgewohnheiten von Stadt zu Stadt durchaus unterschiedlich.

ERNÄHRUNGSSITUATION IN DER STADT

Sauen in Berlin ernähren sich überwiegend von natürlichen Nahrungsquellen (STILLFRIED et al. 2017). In 247 untersuchten Mägen ließen sich nur vier Bestandteile anthropogener (menschlicher) Herkunft nachweisen. Bei anderen Untersuchungen wurden jedoch deutlich höhere Anteile gefunden. Bei Stadtsauen in Barcelona fand man heraus, dass ein höherer Anteil an menschengemachter Nahrung sogar einen Einfluss auf die körperliche Entwicklung besitzt. In der Studie untersuchte man die körperliche Entwicklung der Stücke in Abhängigkeit davon, ob sie habituiert (an den Menschen gewöhnt) waren oder nicht. Stücke, die dies nicht waren und damit nicht oder nur kaum von anthropogenem Futter profitierten, waren deutlich leichter. So brachten es über dreijährige Bachen durchschnittlich auf 83,3 kg, während ihre gleichaltrigen menschenscheuen Geschlechtsgenossinnen nur 61,8 kg wogen (CAHILL et al. 2012). Außerdem sind urbane und suburbane Lebensräume sehr potent und lassen deshalb hohe Dichten zu. In Berlin wurden beispielsweise in der Vergangenheit bis zu 25 Sauen/100 ha Waldfläche nachgewiesen.

FLEXIBLE SCHWEINE

Wildschweine haben sich natürlicherweise über die Kontinente Europa, Asien und Nordamerika verbreitet und besiedeln dabei äußerst unterschiedliche Lebensräume. Von den tropischen Regionen Vietnams und Malaysias bis zu den urwüchsigen Wäldern Ussuriens, von den heißen Regionen Nordafrikas bis nach Skandinavien bis in die fast unberührten Gebiete im Osten Russlands und der Mongolei. Ihr weitreichendes Vorkommen ist ein klarer Beweis für ihre Robustheit und Fähigkeit, sich an unterschiedlichste klimatische und ökologische Bedingungen anzupassen. Dazu sind überhaupt nur sogenannte Ubiquisten in der Lage, die sich durch ein hohes Maß an Plastizität auszeichnen. Anders ausgedrückt: Die ökologische Nische des Wildschweins besteht in seiner außergewöhnlichen Anpassungsfähigkeit.

Das Angebot an Nahrung in der Stadt ist für Sauen sehr groß.

Sauen sind hinsichtlich ihrer Lebensbedingungen äußerst anpassungsfähig.

Mittels Fallen werden Sauen gefangen, um wissenschaftliche Erkenntnisse zu erlangen.

AN DEN SENDER GEBRACHT

Um das spannende Leben urbaner Sauen zu erforschen, wurden in einem Projekt in Berlin und Brandenburg Wildschweine gefangen und besendert. Zum Fang der Tiere wurden massive Kastenfallen (2 x 2 m) genutzt. Diese wurden videoüberwacht und konnten aus der Distanz ausgelöst werden. Auf diese Weise war es möglich, die zu fangenden Tiere individuell auszusuchen. Die später sichtbar gewordenen Raumnutzungsprofile der Stadtsauen zeigen zahlreiche Verhaltensanpassungen an Mensch und Lebensraum. Besonders interessant sind dabei die direkten Unterschiede zu den Landsauen. Stadtschweine zeigen sich deutlich gelassener im Umgang mit Menschen. So beträgt die Fluchtdistanz mit etwa 30 Metern nur etwa ein Drittel der Landsauen (STILLFRIED et al. 2017). Etwa 10 % der Sauen tolerierte sogar eine Annäherung auf 5 m. Während Wildschweine auf dem Land Siedlungen und Menschen systematisch meiden, suchen ihre urbanen Artgenossen teilweise regelrecht deren Nähe. Städtische Sauen nutzen zum Beispiel die Nähe vielbefahrener Straßen. Die Begründung dafür ist schlicht, denn in diesen Bereichen ist nicht nur die Zahl an Spaziergängern gering. Entscheidend ist die Tatsache, dass es in diesen Bereichen keine freilaufenden Hunde gibt und sie dort deshalb ungestört den Tag verbringen können. Dennoch erweisen sich Wildschweine auch in Hundeauslaufgebieten als sehr robust. In diesen Bereichen, wo das letzte Reh schon lange verschwunden ist, haben sie gelernt, ihre Schwarte erfolgreich zu verteidigen.

BAHNGELÄNDE ALS RUHERÄUME

In der Stadt findet man Sauen auch gelegentlich an unerwarteten Orten, die eher unwirtlich erscheinen. Sie bieten jedoch

Schlafplätze wie beispielsweise im Schilf nahe Badeseen werden von Sauen trotz menschlicher Nähe angenommen.

Rückzugsmöglichkeiten, die für den Menschen gänzlich unzugänglich sind. Sie wissen beispielsweise, dass Schienen- und Bahnhofsgelände ihnen sichere Tageseinstände bieten, auch weil auf diesen Flächen die Stadtjagd gänzlich ruht. Landsauen dagegen meiden in der Regel menschliche Aktivitäten. Stadtsauen fühlen sich von menschlichen Aktivitäten nur dann tatsächlich gestört, wenn der Mensch direkten Zugriff hat. Den Tag in einer Schilffläche in unmittelbarer Nähe einer Badestelle zu verschlafen, bereitet ihnen keinerlei Probleme. Gelegentlich kommt es dabei auch zu kuriosen Zwischenfällen. Medial bekannt wurde ein Vorfall, bei dem eine Bache die Tasche eines Badegastes entwendete. Dieser nahm daraufhin unbekleidet die Verfolgung auf, woraufhin die Sau von der Tasche abließ.

BOGENJAGD ALS JAGDMETHODE DISKUTIERT

Das enge Zusammenleben von Mensch und Wildschwein sorgt jedoch auch für Konfrontationen und Konflikte. Während eine umgedrehte Wiese im Park noch als Ärgernis hingenommen wird, werden entstehende Schäden im Hausgarten oder auf Friedhöfen schon deutlich sensibler aufgenommen. Tatsächlich gefährlich dagegen sind durch Sauen verursachte Verkehrsunfälle. Statistisch gesehen kommt es allein in Berlin jeden Tag zu einem Unfall mit Schwarzwild. In verschiedenen Städten werden deshalb zur Reduktion von Schäden und Unfällen Stadtjäger eingesetzt. Aus Gründen der Sicherheit bei der Stadtjagd wurde im brandenburgischen Stahnsdorf zuletzt sogar die Jagd mit dem Bogen beantragt. Die betreffenden Jäger argumentierten dabei, dass die bei uns seit 1976 verbotene Form der Jagd gerade im urbanen Raum deutlich gefahrloser sei als die Jagd mit der Kugelwaffe. Tatsächlich haben im spanischen Madrid vor einiger Zeit Bogenschützen die Genehmigung erhalten, Sauen nachzustellen. In fünf Jahren wurden

In urbanen Bereichen könnte die Jagd mit dem Bogen das Mittel der Wahl sein.

dabei 201 Sauen erlegt. Neben dem unbekannten Abprallverhalten der Pfeile bleiben jedoch Zweifel, ob damit eine tierschutzgerechte Tötung möglich ist, auch wenn diese Jagdpraktik in 17 europäischen Ländern grundsätzlich erlaubt ist. Auf jeden Fall strafbar machte sich dagegen ein 80-jähriger Metzger in Berlin, der ein Wildschwein auf einem Parkplatz kurzerhand mit einem Beil erschlug und es an Ort und Stelle zerwirkte. Etwas anders verhielt es sich in der Nähe des Alexanderplatzes, ebenfalls in Berlin, als Wildschweine in eine Kita eindrangen und deshalb getötet werden mussten.

BEJAGUNG IN DER STADT

Dass die Jagd zwischen Häusern und Gärten sehr erfolgreich sein kann, verdeutlicht das Beispiel eines Berliner Stadtjägers, den wir bei unseren Studien kennenlernten. Dieser erlegte auf einer Fläche von etwa 200 ha innerhalb von drei Jahren unglaubliche 478 Sauen. Wie vital städtische Subpopulationen sein können, zeigt ebenfalls die Stadt Berlin. Jährlich werden dort bis zu 3.500 Stück erlegt. Örtlich werden dabei Strecken von bis zu 20 Stück/100 ha erreicht. Durch die Stadtjagd lassen sich Sauen punktuell fernhalten und Schäden abmildern. Eine nennenswerte Regulation ist mit jagdlichen Mitteln jedoch dennoch kaum realisierbar, und so bleibt die Gewissheit, dass diese besonderen Schweine auch künftig das Bild vieler Städte bereichern.

01

02

DIE SPRACHE DER SAUEN

Jeder Jäger hat sicherlich schon mal einer schweinischen Unterhaltung gelauscht. Besonders im Frühjahr, wenn Frischlinge die Rotten begleiten und nun tagaktiver sind, lassen sie sich besser beobachten und bei entsprechender Nähe auch mal verhören. Dabei wird deutlich, wie intensiv der Austausch zwischen den Stücken einer Rotte verläuft. Was manch einer vorschnell als triviales Grunzen und Quieken abtut, ist hoch entwickelte Interaktion. Der ehemalige US-Präsident Harry S. Truman soll sogar einmal gesagt haben, dass kein Mann Präsident werden dürfte, wenn er die Schweine nicht versteht. Truman, der selbst Farmer war, hatte seit frühester Jugend Gelegenheit, Schweine zu studieren. Als soziale Tiere haben Wildschweine ein sehr differenziertes Verständigungsrepertoire entwickelt. Wie bei allen sozialen Arten hat die Evolution dabei ein fein abgestimmtes System des Informationsaustausches hervorgebracht. Dies wiederum begründet unter anderem ihre Intelligenz. Denn anders als die landläufige Auffassung sind diese Tiere alles andere als saudumm. Donald Broom von der Universität Cambridge geht sogar so weit, dass die kognitiven Fähigkeiten von Schweinen mit denen von Hunden und dreijährigen Kindern vergleichbar sind.

KÖRPERSPRACHE

Grundsätzlich kommunizieren Sauen mit dem gesamten Körper. Anders als bei uns spielt der optische Sinn dabei jedoch nur eine untergeordnete Rolle. Das ist leicht daran festzustellen, dass die Tiere nah an Familienmitglieder herantreten müssen, um Details ihres Gegenübers erkennen zu können. Und auch wenn Tiere erblinden, sind sie in der Lage, sozial zu interagieren. Warum der Sehsinn bei dieser Art eine reduzierte Bedeutung hat, hängt wohl mit den Lebensraumbedingungen zusammen. Wer sich in unübersichtlichen Arealen bei Kommunikation und Feindvermeidung zu sehr auf die Augen verlässt, gerät schnell ins Hintertreffen. Andere Sinne bieten hier weitaus mehr Informationsgehalt. Dennoch spielt

03

das Sehen im Nahbereich eine Rolle, und zwar in der Einschätzung der Körpersprache eines Artgenossen. So verrät zum Beispiel die Stellung der Teller, des Pürzels und der Federn auf dem Widerrist einiges über die Verfassung des jeweiligen Gegenübers. Obwohl sich die Tiere untereinander optisch wohl nicht individuell unterscheiden können, ist es möglich, auf diesem Weg Aggressionen, Ängste und Unterwerfungen deutlich zu machen. Über das sogenannte Ausdrucksverhalten werden diese Signale mitgeteilt. So kommt es vor einer direkten körperlichen Auseinandersetzung in der Regel zu einer Kommunikation über Verhaltensmuster. Im Allgemeinen dient dieses ritualisierten Verhalten dazu, Kämpfe eher zu vermeiden und somit Energie zu sparen und Verletzungen zu vermeiden.

ROTTENHIERARCHIE

Unter den Mitgliedern einer Rotte bestehen verschiedene soziale Bindungen. Wer die Gelegenheit hat, Sauen länger im Einstand zu beobachten, wird engere Beziehungen einzelner Tiere untereinander feststellen.

01 Sogar der ehemalige US-Präsident Harry S. Truman (1884–1972) war von Schweinen fasziniert.

02 Innerhalb einer Rotte herrscht eine strenge Hierarchie.

03 Die auf dem amerikanischen Kontinent lebenden Pekaris leben ebenfalls in hierarchischer Gemeinschaft.

Die strenge Hierarchie in der Rotte regelt Abläufe zwischen ihren Mitgliedern auf stillem Wege und trägt somit ebenfalls dazu bei, Aggressionen zu verhindern. Besonders gut wird dies über sogenannte Liegepräferenzen angezeigt. Können sich die Sauen riechen, liegen sie häufig nebeneinander. Die Dominanzverhältnisse wiederum lassen sich an Futterstellen beobachten, denn die Rottenhierarchie regelt den Zugang zum Futter. So muss ein untergeordnetes Tier an einer Futterquelle stets weichen, wenn sich ein dominantes Stück nähert. Am Ende der Hierarchie stehende Tiere haben es deshalb oft schwer. Um an einer Kirrung etwas vom Futter abzubekommen, stürmen diese förmlich zu der angebotenen Nahrung, was ihnen manchmal zum Verhängnis wird.

Bei den südamerikanischen Pekaries, die den Wildschweinen nahe verwandt sind, gibt es in den Rotten sogar eine Art Prügelknaben. Mehr als alle anderen bekommt dieses am Ende der Hierarchie stehende Stück die Aggressionen der Gruppe zu spüren. Es führt ein sehr stressiges Leben. Doch es übernimmt auch eine wichtige Funktion, indem es dazu beiträgt, soziale Spannungen abzubauen. Verendet dieses Tier, rückt ein neues in diese Position. Mit Bezug auf die Rottenhierarchie gilt bei Wildschweinen die Regel des Älteren. Stücke, die älter sind, besitzen in der Regel auch einen höheren Rang im Verband. Dies ist übrigens auch der Grund, warum ein körperlich schwächeres Stück manchmal eine höhere Position in der Rotte beanspruchen kann. Körperliche Stärke ist also längst nicht alles. Das führt unweigerlich auch zu der Schlussfolgerung, dass die stärkste Bache keinesfalls auch die Leitbache sein muss.

ERKENNEN SICH SAUEN?

Eine besondere Rolle in der Sprache der Wildschweine übernimmt die olfaktorische Kommunikation – eine Welt, die für uns Menschen weitgehend verschlossen ist.

Die Geruchswelt spielt bei Sauen eine dominierende Rolle.

Zahlreiche Drüsen am Kopf (Lichter und Gebrech) und an den Läufen vermitteln eine für uns unsichtbare Sprache. Diese dient in erster Linie der rotteninternen Verständigung. Jedes Tier ist in der Lage, ein anderes am Körpergeruch zu erkennen. Dazu kommt es häufig zu sogenanntem Naso-Nasal-Kontakt. Durch gegenseitiges Beriechen der Wurfscheibe, kann schnell die Identität des jeweiligen Gegenübers festgestellt werden. Wildschweine sind teilweise auch nach Jahren noch in der Lage, ehemalige Rottenmitglieder auf diese Weise wiederzuerkennen. Wildbiologen gehen ferner davon aus, dass sich alle Mitglieder einer Rotte auch individuell an ihrer Stimme erkennen. Sie sind dabei in der Lage, bis zu 50 verschiedene Tiere auseinanderzuhalten.

SPEZIELLE NOTE

Über den Duft können auch Informationen an rottenfremde Stücke übermittelt werden. So kommt es während der Rausche dazu, dass Bachen Bäume mit Speichel benetzen, um in der Nähe befindlichen Keilern deutlich zu machen, dass der Zeitpunkt des Eisprungs unmittelbar bevorsteht. Die Keiler nehmen dies schnell war und gesellen sich in kürzester Zeit zur Rotte. Aber auch sie markieren mit ihrem Speichel, den sie zu Schaum schlagen, ihr Revier. Bei anderen Säugetieren wurde bereits festgestellt, dass die Weibchen ihren Geschlechtspartner am Geruch selektiv auswählen. Ziel ist es dabei, möglichst gesunde Nachkommen zu erzeugen. Dabei paaren sie sich mit dem Kandidaten, der die eigenen immunologischen Anlagen sinnvoll ergänzt. Ob Wildschweine grundsätzlich auch dazu in der Lage sind, ist derzeit noch unklar und bedarf weiterer wissenschaftlicher Erforschung. Es kann aber angenommen werden, dass dies der Fall ist. Durchaus denkbar wäre, dass Rotten gezielt in das Revier von ausgewählten Keilern ziehen und damit die Chance erhöhen, von ihnen beschlagen zu werden.

Sauen sind bei der Nahrungsaufnahme äußerst kommunikativ.

GRUNZEN UND QUIEKEN

Wie jeder Jäger weiß, kommunizieren Wildschweine durchaus lautstark. Laut MEYNHARDT (1984) lassen sich insbesondere Quieklaute von Grunztönen unterscheiden. Zudem gibt es Laute, die beide Komponenten kombinieren, wie etwa Werbelaute. Während die Quieklaute in Zusammenhang mit Suchen, Angst, Hunger und Schmerz stehen, dient das Grunzen als Kontaktlaut. Wenn die Schwarzkittel im Gebräch stehen, ist dieses Grunzen immer wieder zu hören. Würde man diesen Laut übersetzen, könnte die Botschaft vermutlich lauten: „Ich bin hier, mir geht es gut." Kritisch wird es für den Jäger, wenn dieser Wohlfühllaut verstummt. Dann haben ihn die Tiere in der Regel bemerkt oder gewittert und entfernen sich. Einige Laute wirken auch rottenübergreifend. So setzt das gefürchtete Blasen bei allen Stücken einen Fluchtreflex in Gang.Auch wenn dieser Laut meist von der Leitbache ausgestoßen wird, weil sie auch die aufmerksamste ist, beteiligen sich alle Stücke der Rotte an der Feindvermeidung. Als Junge hatte ich bei unseren Hausschweinen schnell gelernt, was sie schlagartig auf die Läufe brachte.

SCHWEINE ZUR GÄNSEABWEHR

Auf dem Flughafen in Schiphol in Amsterdam tragen Schweine seit einiger Zeit (September 2021) zur Sicherheit der Passagiere bei. Der Plan ist dabei, dass die Borstentiere Teile des Flughafengeländes von attraktiver Nahrung befreien. In diesem Zusammenhang werden die Sauen innerhalb einer eingezäunten Fläche zwischen den Start- und Landebahnen gehalten. Neben dem Entfernen von Nahrung soll auch die schiere Anwesenheit der Schweine, Vögel davon abhalten, das Flughafengelände aufzusuchen. Auf diese Weise soll das Risiko von Kollisionen mit Flugzeugen (Vogelschlag) reduziert werden

In den Niederlanden wird Schwarzwild zur Gänsevergrämung eingesetzt.

Der geblasene Wufflaut versetzte den schlafenden Verband in sofortige Alarmbereitschaft. Anders als bei diesem Warnsignal gibt es zahlreiche Laute, die nur zwischen Bache und ihren Frischlingen funktionieren. Denn die werden bereits in den ersten Tagen auf die Mutter geprägt. Umgekehrt kann eine Bache nur durch ihre eigenen Frischlinge dazu animiert werden, sich hinzulegen, um ans Gesäuge zu gelangen. Sauen sind überdies in der Lage, ihre Empfindungen auszudrücken, wobei ihre Gefühlswelt in vieler Hinsicht mit der des Menschen vergleichbar ist. Sie erleben Angst, Schmerz, Hunger und Freude. Sogar Empathie können sie empfinden und zeigen. Gleichzeitig sind sie auch fähig, gierig ihren Vorteil zu suchen. Manche Tiere sind wahre Meister darin, anderen Sauen besonders reiche Futterquellen vorzuenthalten. Unstimmigkeiten innerhalb der Rotte können durch bestimmte Lautäußerungen gemildert werden. Sie tragen dazu bei, soziale Spannungen abzubauen. Die genannten Eigenschaften sind bemerkenswert, da sie nicht bei vielen Tierarten zu finden sind.

BLINDE SAUEN

Welche überragende Rolle der Geruchssinn spielt, zeigt sich immer wieder an blinden Wildschweinen. Denn diese finden sich mit ihrem Handicap problemlos zurecht. Da die Beschaffung von Fraß ohnehin in erster Linie olfaktorisch geschieht, stehen sie gleichaltrigen Stücken bezüglich der Körpermasse kaum in etwas nach. Auch was Kommunikation und soziale Interaktion betrifft, haben sie kaum Einschränkungen. Sollten sie ihre Rotte einmal verloren haben, finden sie dank ihres fein ausgeprägten Geruchssinns rasch wieder Anschluss.

BEGRÜSSUNGSRITUALE

Der sogenannte Naso-Nasal-Kontakt, also der Nasenkontakt zwischen zwei Sauen ist vergleichbar mit einem Handschlag. Er dient als eine Art Begrüßungsritual, und das jeweilige Gegenüber weiß, mit wem er es zu tun hat. Bei einigen Urvölkern ist es übrigens bis heute noch üblich, sich vor dem Händeschütteln die Handfläche durch die Achsel zu ziehen. Über den nun anhaftenden Schweiß werden zusätzliche Informationen übermittelt.

SOMMER

Auf den Feldern hat das Getreide kräftig an Höhe zugelegt. Es ist unterdessen so hoch und dicht, dass es die Sauen teilweise als dauerhaften Einstand nutzen.

Tatsächlich zieht ein Teil der Sauen nun dauerhaft in den Raps oder ins Getreide. Es lassen sich zu dieser Jahreszeit jedoch verschiedene Raumnutzungstypen feststellen. Denn andere Sauen wiederum pendeln zwischen Wald sowie Feld hin und her. Diese Pendler ziehen über die Nacht in die Felder und den Tag verbringen sie im Wald. Es gibt aber auch Sauen, die selbst in dieser Phase des Jahres permanent im Wald bleiben.
Im Sommer zeigen Wildschweine eine recht hohe Tagaktivität, die deutlich über der des Herbstes und Winters liegt. Dies liegt in erster Linie daran, dass sie sich im Feld sicher fühlen und deshalb auch über den Tag gelegentlich aktiv werden. Die Hauptaktivitäten liegen jedoch auch in dieser Zeit in der Nacht. Sauen sind über die kurzen Sommernächte durchgehend aktiv. Bezüglich der aufgesuchten Getreidearten gibt es eine klare Präferenz zugunsten des Weizens. Aber auch andere Arten werden aufgenommen. Hohe Attraktivität stellt sich besonders zur Milchreife ein. Milchreifes Getreide ist aus

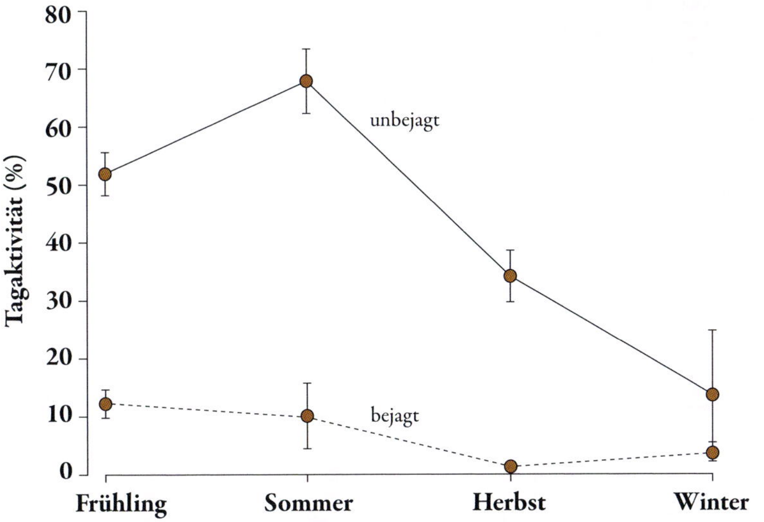

Sauen sind im Sommer auch in bejagten Populationen tagaktiver (nach PODGORSKY et al. 2013).

verschiedenen Gründen höchst anziehend. Es ist sehr energiereich, weich und hat einen süßlichen Geschmack. Ja, tatsächlich ist es so, dass sich Präferenzen ausmachen lassen. In Fütterungsversuchen wurden bei Kartoffeln einige Sorten zweifelsfrei bevorzugt. Sauen sind also Gourmets und fressen keineswegs wahllos. Entsprechend kann der sich ergebende Schaden aber auch erheblich sein, wenn wiederholt der gleiche Schlag heimgesucht wird. In einem Versuch wollte man es diesbezüglich genauer wissen und überprüfte die Wirksamkeit von Elektrozäunen zur Wildschadensabwehr. Dabei stellte man an einem Weizenschlag fest, dass die Sauen insgesamt in sieben Nächten den Versuch unternahmen, an das Getreide zu gelangen. Jedes Mal wurden sie allerdings erfolgreich durch den Zaun ferngehalten. Die Sauen gaben sich u. a. mit der unmittelbar angrenzenden Gerste zufrieden. Interessant ist in diesem Zusammenhang auch, dass es Berichte gibt, wonach Sauen offenbar gezielt Elektrozäune einrannten, um an die jeweilige Frucht zu gelangen. Dies unterstreicht, dass beim Zaunbau auf einiges geachtet werden muss. Ausreichende Spannung (> 3.000 Volt), drei Litzen, stabile Installation und eine regelmäßige Wartung müssen gewährleistet sein.

ES WIRD HITZIG

Hochsommer bedeutet für Sauen Stress, wenn die Sonne unerbittlich vom Himmel brennt. Nicht selten steht die Hitze dann über den Feldern und die Luft flimmert. Kleine Wasserstellen und Pfützen, die sich im Frühjahr gebildet haben, sind längst ausgetrocknet. Sauen kommen nun in eine Art Notzeit. Dies trifft insbesondere in Revieren zu, die über wenig oder gar keine permanenten Wasserflächen verfügen. Die grundsätzlichen Veränderungen des Klimas sind unübersehbar und stellen unsere Wildtiere vor große Herausforderungen. In Deutschland hat sich die Zahl der Hitzetage in den zurückliegenden 70 Jahren in etwa verfünffacht.

Schwarzwild wird von reifendem Getreide in den Sommermonaten magisch angezogen.

Trotz teils enormer Trockenheit und hohen Temperaturen kommt es in Deutschland nur selten zum Hitzetod bei Sauen.

HITZESTRESS UND -TOD

Der grundsätzliche Wasserbedarf von Wildschweinen liegt zwischen 50 und 100 Millilitern pro Kilogramm Körpergewicht. Bei höheren Temperaturen steigt der Wasserbedarf an. Eine Erhöhung der Temperatur von 20 auf 30 °C führt zu einer Verdopplung des Wasserbedarfs.

Bezogen auf die Lufttemperatur kann angenommen werden, dass die Komfortzone für Sauen zwischen 12 und 23 °C liegt. Innerhalb dieser Temperaturspanne kann die Körpertemperatur ohne zusätzlichen Energieaufwand aufrechterhalten werden. Wenn die Lufttemperatur außerhalb dieses Bereichs liegt, muss der Körper entsprechend reagieren, um das Gleichgewicht aufrechtzuerhalten. Wenn die Lufttemperatur die angegebene Grenze übersteigt, spricht man von leichtem Hitzestress. Dabei spielt auch die Luftfeuchtigkeit eine entscheidende Rolle. In unseren Breitengraden liegt die Luftfeuchtigkeit normalerweise zwischen 70 und 80 %. Im Sommer gibt es jedoch tendenziell höhere Luftfeuchtigkeitswerte, da warme Luft mehr Feuchtigkeit aufnehmen kann.

Es kann angenommen werden, dass starker Hitzestress bei einer Lufttemperatur von 28 °C und einer Luftfeuchtigkeit von 75 % beginnt. Noch höhere Temperaturen verschärfen das Problem, da der Körper nun zunehmend Schwierigkeiten hat, die Wärme adäquat abzugeben. Wenn Schwarzwild bei einer Lufttemperatur von 35 °C keinen Schatten findet, kann es schnell zu einem Hitzeschock kommen. Dieser stellt eine lebensbedrohliche Situation dar, da er zu multiplem Organversagen führen kann. Auf der anderen Seite unterscheiden wir den Tod durch Exsikkose (Austrocknung), der durch langfristigen Wassermangel verursacht wird. Bereits ein Wasserverlust von 10 % kann schwerwiegende Beeinträchtigungen nach sich ziehen, während ein Verlust von 20 % nicht mehr mit dem Leben vereinbar ist.

WASSERMANGEL UND SEINE FOLGEN

Auch wenn der Hitzetod bei uns sehr selten vorkommt, haben hohe Temperaturen und Wassermangel diverse Folgen. Auf hormoneller Ebene werden vermehrt Stresshormone ausgeschüttet. Dies ist eine Anpassungsreaktion des Körpers und bei kurzfristigen Ereignissen unproblematisch. Anhaltend hohe Temperaturen können jedoch multiple Störungen verursachen. Es kommt zu einer gestörten Flüssigkeitsbalance und Konzentration des Harns. Gleichzeitig führt die erhöhte Körperwärme zu einem gesteigerten

Sauen lieben Wasser das ganze Jahr über. Im Sommer ist das kühle Nass jedoch besonders wichtig.

Stoffwechsel, was wiederum die Bildung und Ansammlung von schädlichen Stoffwechselprodukten begünstigt. Dies liegt daran, dass die Nieren nicht genügend Flüssigkeit haben, um Giftstoffe effektiv auszuscheiden. Als direkte Reaktion des Körpers kommt es infolgedessen zu einer Entzündungsreaktion. Unter Hitze gerät der Körper auch unter oxidativen Stress, was bedeutet, dass sich reaktive Sauerstoffradikale ansammeln, die nicht ausreichend abgebaut werden können. Dies hat einen schädigenden Einfluss auf sämtliche Körperzellen und kann alle Körperfunktionen beeinträchtigen. Insbesondere der Darm leidet unter anhaltender Hitze. Um Wärme abzuführen, erweitern sich die peripheren Blutgefäße, was eine verminderte Durchblutung des Darms auslöst. Dies kann zu Beeinträchtigungen der Darmschranke führen, was den unerwünschten Übertritt von Mikroorganismen und Toxinen ermöglicht. Dieses Phänomen wird als *Leaky Gut* (durchlässiger Darm) bezeichnet. Anhaltende Hitzeeinwirkungen können auch immunologische Konsequenzen haben, da sie immunsupprimierend wirken. Dies wiederum verringert die Widerstandsfähigkeit gegenüber Krankheitserregern. Auch in Bezug auf die Entwicklung des Jungwildes ergeben sich Folgen. Hitzestress führt zu einer reduzierten Milchleistung von Bachen. Die abnehmende Milchproduktion und -qualität lösen Entwicklungsdefizite bei den Frischlingen aus.

ABKÜHLUNG SUCHEN, WO ES NUR GEHT

Schwarzwild sucht im Sommer regelmäßig Suhlen auf, um sich aktiv abzukühlen. Auch die sogenannte Liegekühlung ist eine Methode, um überschüssige Wärme gezielt abzugeben. Dabei werden die peripheren Blutgefäße erweitert, um das Blut am Boden abzukühlen. Das abgekühlte Blut fließt dann zurück in den Körperkern und trägt zur Abkühlung bei.

EPIGENETISCHE ANPASSUNG GEGEN HITZE

Gegenreaktionen auf Hitze können dabei auch auf zellulärer Ebene realisiert werden. In einem interessanten Versuch des Leibniz Instituts für Zoo- und Wildtierforschung Berlin setzte man Meerschweinchen über zwei Monate einer um 10 °C erhöhten Umgebungstemperatur aus. Im Ergebnis zeigte sich, dass es zu epigenetischen Veränderungen u. a. in den Leberzellen kam. Dabei wurden als Reaktion auf die erhöhten Temperaturen besonders viele Proteine gebildet, die die Zellen schützen. Wirklich erstaunlich war die Tatsache, dass diese Fähigkeit auf die nächste Generation weitergegeben wurde, ohne dass diese selber der erhöhten Temperatur ausgesetzt war. Epigenetische Modifikationen stellen auch für heimische Wildtiere eine grundsätzliche Möglichkeit dar, um auf Hitze und Klimawandel zu reagieren. Diese besitzen den entscheidenden Vorteil, dass sie viel schneller realisiert werden können, als dies durch Mutation und Auslese der Fall wäre. Inwieweit unsere Wildtiere bereits darauf zurückgreifen, wird wissenschaftlich jedoch erst herauszufinden sein.

Ab etwa dem vierten Lebensmonat ist die braune Färbung der Schwarte typisch für Frischlinge.

WO LIEGEN GRENZEN?

Die natürliche Mortalität von Wildschweinen ist in unseren Breiten im Allgemeinen gering. Die Zahl der Sauen, die durch Witterungsunbilden oder Nahrungsengpässe verenden, ist zu vernachlässigen. So ist festzuhalten, dass sich die Sauenbestände trotz zuletzt geringerer Jahresstrecken nach wie vor auf einem sehr hohen Niveau bewegen. Ungeachtet jährlicher Schwankungen stiegen diese in den zurückliegenden Jahrzehnten um mehrere 100 Prozent an. Die Ursachen dafür sind komplex. Der Faktor Nahrung übernimmt in diesem Zusammenhang jedoch eine Schlüsselrolle. Wo die Grenze liegt, ist in hohem Maße von den Nahrungsvoraussetzungen abhängig. Ein kleines Beispiel soll behilflich sein, diesen Zusammenhang zu verdeutlichen. Während Feldhasen in unseren Breiten durchschnittlich 3–4 Würfe pro Jahr produzieren, können es in seinem südlichen Verbreitungsgebiet 5–6 sein. Im hohen Norden hingegen reduziert sich die Zahl der Würfe auf zwei. Arktische Hasen reproduzieren sogar nur

VERDAUUNG PRODUZIERT WÄRME

Wildtiere verringern in Hitzeperioden die Nahrungsaufnahme, was zur Folge hat, dass auch die dabei entstehende Verdauungswärme reduziert wird. Denn bei jeder Verdauungsaktivität entsteht Wärme, deren Menge auch von der Art der verdauten Nahrung abhängt. Fett verursacht dabei die geringste Wärmeproduktion, während Proteine und Kohlenhydrate zu einer höheren zusätzlichen Wärmeentwicklung führen. Fett hat zudem den Vorteil, dass bei seiner Verstoffwechselung die größte Menge an Wasser freigesetzt wird.

SCHWARTENFÄRBUNG IM SOMMER

Frischlinge haben nach drei Monaten ihre Streifenfärbung verloren und sind dann in der typisch braunen Färbung anzutreffen. Auch etwa ¼ der Überläufer zeigt noch diese braune Färbung. Bei adulten Schweinen dominieren silberne Färbungen mit nahezu 75 %, 20 % entfallen auf schwarze Sauen. Selten kommen auch braune oder gescheckte Stücke vor.

einmal im Jahr. Die Reproduktion korrespondiert mit der Länge der Vegetationsperiode, also der Verfügbarkeit von Nahrung. Die Hasen versuchen das jeweilige Maximum aus der ihnen zur Verfügung stehenden Vegetationszeit herauszuholen.

NAHRUNG FÖRDERT HORMONE

Vergleichbare Zusammenhänge lassen sich auch bei Sauen feststellen. Wie sich der Faktor Nahrung auswirkt, lässt sich auch auf der Individuenebene belegen. Jede Bache versucht die größtmögliche Zahl an Frischlingen zu produzieren. Dabei existiert ein direkter Zusammenhang zwischen energiereicher Nahrung und der Ovulationsrate. Entscheidend dafür ist die Beteiligung zweier Hormone: das luteinisierende Hormon (LH) und das Follikel stimulierende Hormon (FSH). Sie regeln Rausche und Zyklus. Durch die Versorgung des Körpers mit energiereicher Kost (insbesondere stärke- und zuckerhaltigem Fraß), kommt es zu einem Anstieg des Insulinspiegels, wodurch sich die Zahl der ovulierten Eier erhöht. Das bedeutet, dass sich eine günstige Versorgung des Körpers direkt auf die Zahl der Frischlinge auswirkt – die Reproduktion wird über das Futter angekurbelt. Landwirte nutzen diesen Effekt im Übrigen ganz gezielt, um die Rausche bei Hausschweinen zu verbessern und die Zahl der Ferkel pro Sau zu erhöhen. Nach dem gleichen Prinzip wirken auch unsere aus nahrungsökologischer Sicht hochpotenten Kulturlandschaften auf unsere wilden Sauen. Das Reproduktionsmaß erfolgt also in Abhängigkeit vom Lebensraum bzw. seiner Kapazität, Nahrung zur Verfügung zu stellen. Neben der Nahrung spielen natürlich noch weitere Faktoren eine Rolle (u. a. Deckung und Wasser). Fraß ist für Sauen jedoch der bestimmende Faktor und die zentrale Bedingung für hohe Dichten.

01

02

DER FAKTOR MAST

Faktoren wie Getreide- und Maisanbau haben also zweifellos Einfluss auf die Populationsdichte von Schwarzwildbeständen. Mastjahre zeigen insgesamt die deutlichste Wirkung. Eichenbestände können dabei bis zu 12.000 kg Eicheln pro Hektar produzieren. Die Häufung von Mastereignissen hängt in erster Linie mit Klima- und Wetterveränderungen sowie hohem Stickstoffeintrag zusammen. Sauen nutzen Mastjahre

03

reproduktiv ideal aus, dies ist das Ergebnis einer Jahrtausende währenden Koevolution zwischen ihnen und den bei uns vorkommenden masttragenden Bäumen. Wildschweine setzen die günstigen nahrungsökologischen Bedingungen perfekt in Gewicht um. So können Frischlinge im ersten Lebensjahr nachweislich eine Körpermasse von über 60 kg erreichen. Zudem wird die Reproduktion begünstigt. Frischlingsbachen wachsen schnell heran und werden nach sieben Monaten geschlechtsreif. Welches reproduktive Potenzial sie haben, verdeutlicht die Tatsache, dass es Frischlingsbachen bei Trachtuntersuchungen gab, die bis zu zehn Föten innehatten. Welches Potenzial Mastjahre haben, zeigt sich oft in den Folgejahren, wenn es in den betreffenden Bereichen zu einer Verdopplung der Strecke kommt.

01 Zunehmender Maisanbau verbessert das Fraßangebot von Sauen enorm.

02 Die Größe eines Wurfes hängt unter anderem vom Ernährungszustand der Bache ab.

03 Durch übermäßiges Kirren kann die Reproduktion des Schwarzwildes angekurbelt werden.

DER FAKTOR KIRRUNG

Die in der jagdlichen Praxis eingesetzten Systeme bringen erhebliche Mengen Futter in Umlauf. Entsprechende Untersuchungen zeigen, dass in Deutschland pro 100 ha Waldfläche durchschnittlich 227 kg Kirrfutter ausgebracht werden. Pro erlegter Sau werden bis zu 319 kg Mais eingesetzt. Es hat sich weiter gezeigt, dass Kirrungen bis zu 20 % der jährlich von Schwarzwild aufgenommenen Futtermenge ausmachen kann. Ulf Hohmann rechnete einmal aus, dass die Menge des ausgebrachten Kirrmaises in Fehlmastjahren näherungsweise der Menge des gefressenen Feldmaises entspricht, die aufgenommenen Energiemengen also in etwa gleich waren. Dies ist deutlich zu viel. Denn die Zurverfügungstellung großer Mengen energetisch hochwertigen Futters führt dazu, dass die Reproduktion zusätzlich begünstigt wird.

WELCHE DICHTEN SIND BEI UNS MÖGLICH?

Grundsätzlich sind in unseren Lebensräumen sicher Dichten von 20–30 Sauen pro 100 ha möglich. PITTIGLIO et al. (2018) fanden bei ihren Untersuchungen sogar bis zu 43 Wildschweine/100 ha. Unter extrem günstigen Verhältnissen sollen auf der gleichen Fläche sogar bis zu 60 Wildschweine möglich sein (HEPTNER et al. 1966). Auch wenn diese Aussagen sicher nicht zu verallgemeinern sind, kann davon ausgegangen werden, dass unter bestimmten Voraussetzungen sehr hohe Bestände entstehen können. Hoher Energiepflanzenanteil und nahezu jährliche Mast sorgen dafür, dass unsere Kulturlandschaften bezüglich der Verfügbarkeit von Nahrung so potent sind wie kaum ein anderer Lebensraum der Erde. Auch wenn zwei Würfe pro Jahr in freier Wildbahn wissenschaftlich bislang nicht belegt sind, gelang es bereits, sie in einem Gatterversuch nachzuweisen (PHILIPPS 2013). Damit ist die grundsätzliche Möglichkeit bewiesen. Tatsache ist, dass sich das Vermehrungspotenzial des Schwarzwildes dadurch erheblich erhöhen würde. Zudem verbindet sich damit noch ein weiterer Effekt: Die häufiger führenden Bachen schützen sich damit verstärkt vor jagdlichem Zugriff, da sie erneut Muttertierschutz genießen. Noch dürfte es sich jedoch um seltene Ausnahmen handeln. Ein Wildtier wird stets versuchen, die maximale Zahl an Nachkommen zu hinterlassen. In der Evolution geht es allein darum, eigenes genetisches Material in die nächste Generation zu überführen. Man muss sich ja nur mal den erstaunlichen Fakt vor Augen halten, dass alles heutige Leben – jedes lebende Individuum von der kleinsten Bakterie bis zum Elefant – das Ergebnis einer ununterbrochenen Generationenfolge seit der Entstehung des Lebens vor vier Milliarden Jahren in der Ursuppe ist. Das heutige Leben ist per se optimal an seine Umweltbedingungen angepasst – sonst wäre es schon längst nicht mehr da. Unser Schwarzwild setzt die günstigen Lebensraumbedingungen, die es bei uns vorfindet, optimal in Frischlinge um. Dieser Entwicklung versuchen wir durch Jagd entgegenzuwirken. Dabei gilt, dass Jagd selbst wieder-

In Gatterversuchen wurden zwei Würfe pro Jahr bei einer Bache nachgewiesen.

um einen Einfluss auf die Reproduktion ausübt. So erzeugt u. a. Jagd einen Selektionsdruck dahingehend, dass Bachen noch früher geschlechtsreif werden. Je mehr Jagddruck also vorherrscht, desto weiter wird die erste Rausche vorverlegt. Zum Vergleich werden in unbejagten Beständen Frischlinge selten rauschig, auch wenn sie ein Gewicht von 25–30 Kilogramm erreicht haben. Werden Populationen allerdings straff bejagt, führt dies zu einem geringen Durchschnittsalter. Frischlingsbachen, die früh reproduzieren, genießen hier einen entscheidenden Vorteil. Denn während sie sich vermehren können, kommen spät rauschig werdende Bachen in den meisten Fällen gar nicht erst dazu. Dies führt zu dem Effekt, dass Bachen nach und nach immer zeitiger frischen und diese Fähigkeit auch auf ihre Nachkommen weitergegeben, während die anderen verschwinden.

RASANTER ANSTIEG

Modelle zeigen, dass selbst, wenn nur 25 % der Frischlinge überleben, sich eine Population rechnerisch alle fünf Jahre verdoppeln kann. Modelliert man die Streckenentwicklung des Schwarzwildes für die Zukunft, dann wird sich die Rekordstrecke auf über eine Million hochschieben.

SELBSTREGULATION KEINE REALE OPTION

Dies darf jedoch nicht zu der Vorstellung führen, in puncto Schwarzwild ernsthaft auf Selbstregulation setzen zu wollen. Denn diese greift erst dann, wenn sich eine Population an der Grenze der Tragfähigkeit ihres Lebensraumes bewegt. Dabei ist es völlig unmaßgeblich, wie diese Grenze erreicht wird. Was zählt, ist die schiere Zahl an Stücken pro Flächeneinheit. Fakt ist, dass die Populationsgrenze in unseren Kulturlandschaften enorm hoch ist und die Folgen dieser Dichten für das System ökologisch und wirtschaftlich immens wären. Die Schlussfolgerung lautet deshalb: Schwarzwildjagd ist in Kulturlandschaften alternativlos.

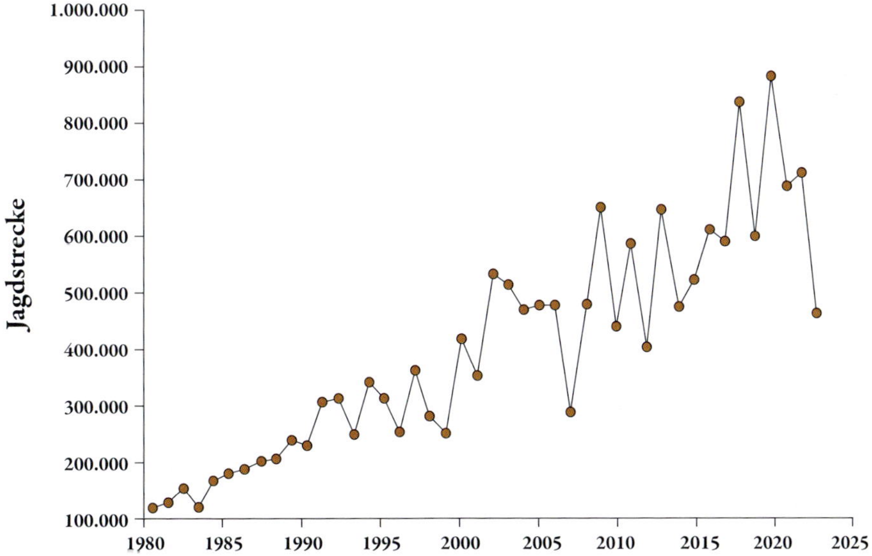

Künftige Streckenrekorde werden vermutlich bald die Millionen-Grenze überschreiten.

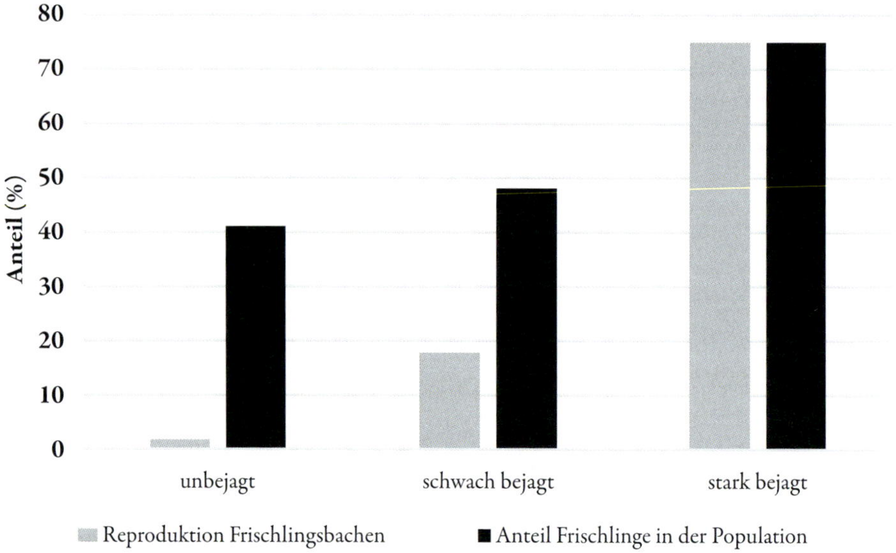

In stark bejagten Populationen ist sowohl der Frischlingsanteil als auch der Anteil reproduzierender Frischlingsbachen hoch.

FAKTOR WOLF

Der Wolf hat sich bei uns in erster Linie auf Rehwild spezialisiert. Etwa die Hälfte seiner Nahrung entfällt auf diese Wildart. Aber auch Sauen (in erster Linie Frischlinge) werden von ihm nicht verschont. Es kann davon ausgegangen werden, dass sich die Entnahme umgerechnet auf die Fläche zurzeit auf 0,3–0,5 Stücken pro 100 ha beläuft.

Unsere Landschaften bieten dem Schwarzwild in der Regel einen reich gedeckten Tisch.

Schwarzwilderlegungen nach Jagdart:
— 55 % Kirrung
— 26 % Drückjagd
— 19 % Einzeljagd

POTENTE LEBENSRÄUME

Ein 1.000 ha großes Waldgebiet verfügt über einen Eichenanteil von 25 %. Gehen wir sehr konservativ davon aus, dass eine Tonne Mast pro Hektar Eichenwald produziert werden kann. Wir unterstellen des Weiteren, dass die Hälfte der Eicheln von Wildschweinen gefressen wird. Mit drei Kilogramm Eicheln kann man rund ein Kilogramm Schwein produzieren. Demnach lassen sich mit 125 t Eicheln nahezu 42 t Wildschwein „herstellen". Geht man von einem Durchschnittsgewicht von 30 kg aus, ließen sich also fast 1.400 Schweine „produzieren". Sicher lässt sich dieses schlichte Rechenexempel so nicht in die Natur übertragen, es gibt jedoch ein Gefühl, wie potent Lebensräume für unser Schwarzwild sein können.

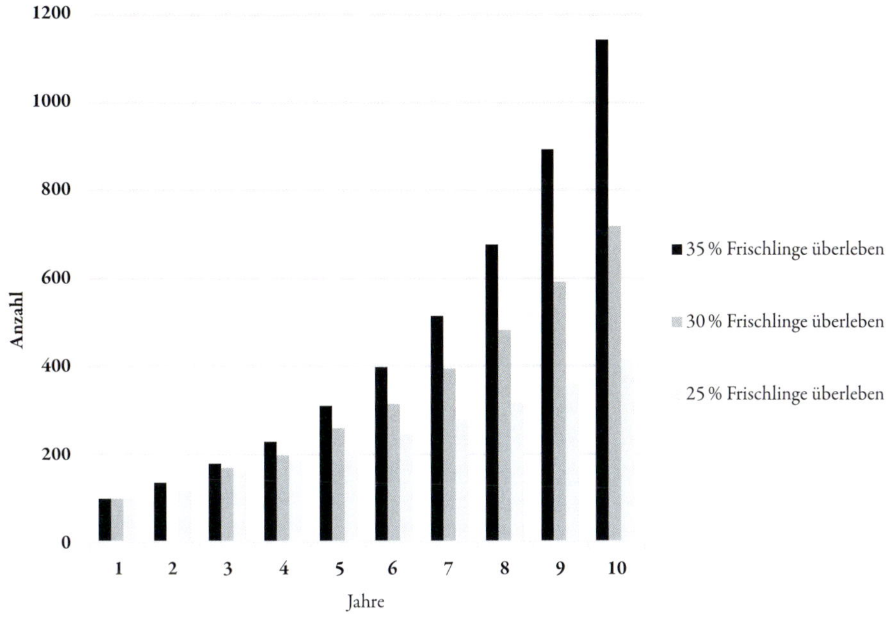

Sauenpopulationen können sehr rasch anwachsen. Je mehr Frischlinge in einem Jahrgang überleben, desto stärker ist der Zuwachs im Folgejahr (nach MÜLLER 2009).

VERSCHOBENE GESCHLECHTERVERHÄLTNISSE

Das Geschlechterverhältnis der Föten von starken Bachen ist nicht zu Gunsten von männlichen Stücken verschoben. Dies widerspricht der Theorie von Trivers-Willard, wonach körperlich starke Tiere eher männliche Nachkommen produzieren. Gefunden wurde aber, dass die jeweils schwersten Föten eines Wurfes männlich waren. Bei allen anderen Föten gab es keine statistischen Unterschiede im Gewicht. Die von Bachen angewandten Strategien zur Steigerung des Fortpflanzungserfolgs besteht also darin, die Wurfgröße zu maximieren und das Geschlechterverhältnis lediglich beim schwersten Fötus anzupassen.

RÄUDE ALS REGULATIV

Dem hohen Vermehrungspotenzial des Schwarzwildes steht auch eine gewisse natürliche Mortalität gegenüber. Unter normalen Umständen spielt diese bei uns nur eine untergeordnete Rolle, sie kann allerdings greifen, wenn sich eine Population an der Grenze der Tragfähigkeit des Lebensraumes bewegt. Als Regulatoren fungieren dann Krankheiten. Beim Schwarzwild übernimmt die Räude hier eine entscheidende Rolle. Diese Parasitose betrifft besonders Stücke, die als Folge von Unterversorgung mit Nahrung bei schlechter Kondition sind. Dieser Zustand tritt bei vielen Mitgliedern einer Population dann auf, wenn die zur Verfügung stehenden Ressourcen aufgebraucht sind. Zusätzlich zur Räude kann es dann zu sekundären Infektionen kommen, die sogar den Tod des Stückes zur Folge haben können. Im Ergebnis führt dies zu einem mehr oder weniger starken Zusammenbrechen der Population.

BIOLOGIE

Auslöser der Krankheit ist eine zu den Spinnentieren gehörende Grabmilbe. Beim Wildschwein handelt es sich um die Art *Sarcoptes suis*. Die beispielsweise auch bei Fuchs und Gams vorkommenden Räudeerkrankungen werden durch andere jeweils sehr wirtspezifische Grabmilbenarten ausgelöst. Die Übertragung der bis zu 0,5 Millimeter großen Milbe erfolgt durch direkten Körperkontakt. Die Befruchtung findet auf der Hautoberfläche des Schwarzkittels statt. Danach gräbt sich die weibliche Milbe unter Zuhilfenahme von Verdauungssäften in die Haut des Wirtes ein. Die Ernährung erfolgt ausschließlich über Gewebsflüssigkeiten. Die Milbe dringt dabei bis in den untersten Teil der Oberhaut vor, wo sie in einem Zeitraum von vier bis sechs Wochen täglich bis zu drei Eier ablegt. Aus den Eiern schlüpfen nach drei bis vier Tagen die Larven, die zurück an die Hautoberfläche wandern. Als Besonderheit besitzen diese nur drei Beinpaare. Nach der folgenden Häutung zur Nymphe sind dann die für Spinnentiere typischen acht Beine ausgebildet. Nach zwei weiteren Häutungen entsteht die adulte Milbe. Der gesamte Entwicklungszyklus dauert bei Männchen zwei und beim Weibchen drei Wochen.

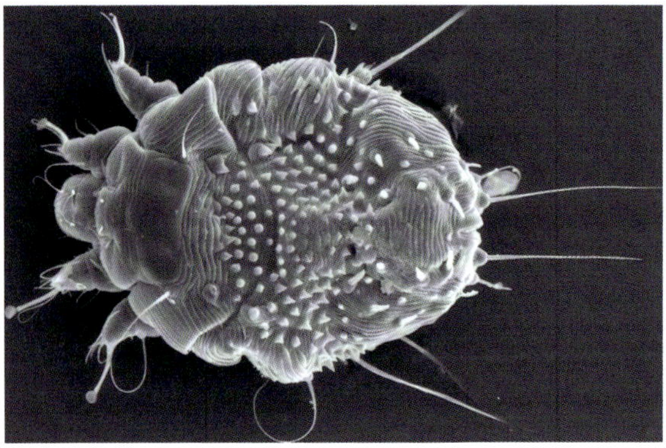

Adulte weibliche Räudemilben bohren sich in die Haut des Wirts.

ANSTECKUNG MÖGLICH!

Eine Ansteckung des Hundes und auch des Menschen ist möglich. Obwohl der Befall von Fehlwirten selten ist und die Milben kaum in der Lage sind, sich fortzupflanzen, sollte mit einem infizierten Schwarzkittel sorgsam umgegangen werden. Es ist ratsam, die Hände zu schützen und Hunde fernzuhalten. Schwarten erkrankter Sauen sind unschädlich zu beseitigen, um ein weiteres Ausbreiten zu vermeiden. Im lebenden Bestand sollte sich die Bekämpfung auf die Erlegung erkrankter Tiere konzentrieren.

DIAGNOSTIK

Das Erkennen dieser Parasitose ist in der ersten Phase der Erkrankung häufig problematisch. Körperstellen, die als Erstes besiedelt werden, finden sich im Bereich der Läufe, Teller und Lichter. Von dort aus kann im Verlauf der gesamte Körper besiedelt werden. Bereits geringer Haarausfall, schuppig-borkige Hautpartien, Pusteln und Hautverdickungen sollten als ein Hinweis auf Räude ernstgenommen werden. Auffällig ist, dass die Tiere beim Aufbrechen teilweise einen untypischen Geruch verbreiten, der an Holzkohle erinnert. Die endgültige Bestätigung der Krankheit kann jedoch nur über den Nachweis von Milben erfolgen. Dazu werden sogenannte Hautgeschabselproben aus befallenen Regionen verwendet, die unter dem Mikroskop auf Milben untersucht werden.

BEDEUTUNG

Räudebefall beim Wildschwein wurde, abgesehen von sporadischen Meldungen aus verschiedenen Teilen des Landes, selten nachgewiesen. Allerdings ist unklar, wie hoch der Anteil übersehener Räuden ist, da flächendeckende Untersuchungen bislang fehlen. In Gebieten, wo sie schon einmal bestätigt wurde, sollte verstärkt Augenmerk auf die oben beschriebenen Auffälligkeiten gelegt werden. Bei leichtem Befall kommt es nur zu geringen Beeinträchtigungen für das

☞ NACHWEIS VON ERKRANKUNGEN BEI WILDSCHWEINEN IN SCHWARZWILD-POPULATIONEN IN DEUTSCHLAND

KRANKHEIT	NACHWEIS (%)
Aujeszky	14** (0,1–31,8 %)
Brucellose	1*/18**
Dunckerscher Muskelegel	4,7*
Trichinen	0,003*

**Direktnachweis, **Antikörpernachweis*

Tier. Auch das vollständige Ausheilen der Räude ist möglich. Schwerere Fälle können zum Tod des Stücks führen. Räudeerkrankte Sauen sind zum Verzehr geeignet. Bei Massenbefall kann es jedoch zu Sekundärinfektionen kommen. Treten bedenkliche Merkmale auf, muss das Stück einer Fleischuntersuchung zugeführt werden.

VITALE SAUEN

Ausgeprägte Räudezüge, wie sie von anderen Arten bekannt sind, können bei uns bislang nicht festgestellt werden, und auch aus genetischer Sicht sind die Populationen in Europa als sehr vital einzuschätzen. Das dies keineswegs zwangsläufig der Fall sein muss, soll ein Blick in die Vergangenheit verdeutlichen. Schwarzwild wurde wiederholt phasenweise übermäßig bejagt und verfolgt. Eine diesbezüglich heftige Phase erlebte das Schwarzwild nach 1848. Die intensive Jagd führte zu einer starken Zurückdrängung, was zu sehr niedrigen Dichten und teilweisen Verinselungen fuhrte. Solche Situationen können einen Verlust an genetischer Variabilität hervorrufen. Gerät eine Art sogar in eine genetische Flaschenhalssituation, verliert sie zunehmend die Fähigkeit, sich an Veränderungen anpassen zu können. Neuere Untersuchungen zeigen jedoch, dass eine hohe Variabilität und die damit verbundene Widerstandsfähigkeit der Wildschweinpopulation diesbezüglich wenig Anlass zur Sorge gibt. Den Sauen Mitteleuropas geht es be-

WECHSELVOLLES VERHÄLTNIS

Das Verhältnis zu Wildschweinen war historisch wechselvoll. Einerseits wurden sie gehegt und geschätzt, andererseits aber auch intensiv verfolgt, sodass beispielsweise große Teile des heutigen Deutschlands noch in der Hälfte des 20. Jahrhunderts schwarzwildfrei waren. Dieses ambivalente Verhältnis besteht bis heute fort und spiegelt sich in unterschiedlichen Haltungen gegenüber dieser Art wider. So gelten sie in einigen Ländern sogar als Landplage. In Australien ist es deshalb sogar gestattet, sie durch Vergiftung zu bekämpfen.

züglich ihres allgemeinen Gesundheitszustands grundsätzlich gut. Trotz der allgemeinen Vitalität kommen in unseren Beständen natürlich nach wie vor Krankheiten vor. Für den Jäger sind derartige Krankheiten dann besonders zu beachten, wenn es sich um Zoonosen handelt oder wenn sie für Haus- und Nutztiere von Bedeutung sind.

AFRIKANISCHE SCHWEINEPEST UND DER LANGE KAMPF DAGEGEN

Für Haus- und Nutztiere von Bedeutung ist aktuell eine Krankheit: die Afrikanische Schweinepest (ASP). Es hatte sich lange angedeutet und wurde im Herbst 2020 traurige Wirklichkeit: Die ASP hatte Deutschland erreicht. Seither sind hierzulande einige tausend Stücke positiv getestet worden. Die sich aus der Krankheit ergebenden Kosten sind immens. Auch wenn in der Vergangenheit immer wieder Erfolge bei der Zurückdrängung der Krankheit erzielt wurden und zahlreiche Restriktionsflächen zurückgestuft werden konnten, bleibt die Krankheit vorerst eine Bedrohung.

Gelangt die Afrikanische Schweinepest in Hausschweinbestände drohen hohe finanzielle Verluste.

VIRUSDIAGNOSTIK

Eine zentrale Bemühung der ASP-Bekämpfung ist die Entwicklung eines Impfstoffes. Grundsätzlich ist die Impfstoffentwicklung gegen einen Virus enorm schwierig. Viren sind nicht nur um ein Vielfaches kleiner als Bakterien. Sie zeichnen sich vor allem dadurch aus, dass sie keinen eigenen Stoffwechsel haben und damit eine wichtige Angriffsmöglichkeit entfällt. Des Weiteren vermehren sich Viren innerhalb von Körperzellen des Wirtes. Sie dort zu bekämpfen, ist extrem schwierig. Dies ist insgesamt auch der Grund, warum es so wenige wirksame Medikamente zur Bekämpfung einer Virusinfektion gibt. Die Produktion eines Impfstoffes ist daher ein zentrales Ziel. Um diesen entwickeln zu können, müssen die Viren und ihre Biologie präzise verstanden werden. Das Friedrich-Loeffler-Institut auf Riems ist eines von weltweit nur wenigen Hochsicherheitslaboren, die an hochansteckenden Viren arbeiten können. Im Fall der Afrikanischen Schweinepest ist es Ziel, die Krankheit bei verschiedenen Schweinearten exakt nachzuvollziehen. Im Einzelnen geht es darum zu verstehen, warum im Gegensatz zu unseren heimischen Wildschweinen bei afrikanischen Schweinearten der ASP-Virus vergleichsweise harmlos ist und nicht zum Tod führt (BLOME 2023). Die Immunantwort, einschließlich der Produktion von spezifischen Antikörpern, kann bei Warzenschweinen möglicherweise schneller oder effizienter ablaufen als bei Wildschweinen. Wenn es gelingt, diesbezügliche Unterschiede zwischen unseren Wildschweinen und den afrikanischen Schweinen besser zu verstehen, ergeben sich daraus Ansätze, die Krankheit zu bekämpfen.

NUR EINE IMPFUNG FÜR JEDES SCHWEIN

Innovative Technik soll künftig dabei helfen, den Kampf gegen die ASP zu gewinnen. Kürzlich wurde ein Automat entwickelt, der

Der Krankheitsverlauf der ASP bei Warzenschweinen ist vergleichsweise harmlos.

mithilfe modernster Kameratechnik und künstlicher Intelligenz Wildschweine bzw. einzelne Rotten individuell erkennt. Je nach Anzahl der Tiere werden dann personalisiert Impfköder völlig automatisch ausgegeben. Der Automat ist zudem mit einer App verbunden, die dem Anwender die Möglichkeit gibt, die Prozesse aus der Distanz zu überwachen. Mit dem Gerät kann die Impfstoffverabreichung genau überwacht und sichergestellt werden, dass jedem Stück nur die notwendige Zahl an Impfködern zugeführt wird. Auf diese Weise wird vermieden, dass der Impfstoff in großen Mengen nach dem „Gießkannenprinzip" in die Landschaft verbracht werden muss, wie es bei früheren Impfkampagnen, wie zum Beispiel der Tollwut, der Fall war.

Der intelligente Futterautomat soll auch in der Lage sein zu kontrollieren, ob der zuvor ausgegebene Impfköder auch von dem betreffenden Schwein aufgenommen wurde. Hat ein Schwein diesen gefressen, wird es auf der Kirrung verfolgt und nicht erneut beimpft. Kommt die Rotte zu einem späteren Zeitpunkt erneut zur Kirrung, hat sich der Automat die Rotte gemerkt und wird diese nicht mehr impfen. Da Wildschweine selten individuell wiedererkennbar sind, speichert er Daten zur Zusammensetzung der Rotte und kann diese dann mit hoher Wahrscheinlichkeit wiedererkennen, auch dann, wenn unterdessen ein Stück aus dem Verband erlegt worden ist.

Bei der Bekämpfung der Afrikanischen Schweinepest wird auf die Impfstoffentwicklung gesetzt.

VOR- UND NACHTEILE VON LEBENDIMPFSTOFFEN

Vorteile

— Lebendimpfstoffe können eine starke und lang anhaltende Immunantwort auslösen. Da sie lebende Erreger enthalten, vermehren sie sich in geringem Maße im Körper und stimulieren so eine breitere Immunantwort, die der natürlichen Infektion ähnlich ist. Aufgrund der robusten Immunantwort bieten Lebendimpfstoffe oft einen lang anhaltenden Schutz mit potenziell lebenslanger Immunität nach einer oder mehrerer Impfungen.

Nachteile

— Lebendimpfstoffe, insbesondere solche, die durch rekombinante DNA-Technologie hergestellt werden, können potenzielle Risiken in Bezug auf Rekombination oder genetische Veränderungen bergen. So besteht ein Restrisiko, dass sie wieder virulent werden. Selbst wenn ein Virus abgeschwächt wurde, kann es in äußerst seltenen Fällen wieder seine ursprüngliche Virulenz zurückerlangen, indem es mit wilden Virusstämmen rekombiniert.

— Die rekombinante DNA-Technologie kann auch dazu führen, dass das attenuierte Virus mit anderen Viren oder sogar mit Zellen des Impflings rekombiniert. Dies könnte theoretisch zur Entstehung neuer Krankheitserreger führen.

FRÜHERKENNUNG VON KRANKHEITEN

Künstliche Intelligenz wird künftig sicher ein wichtiges Werkzeug zur Diagnose von Krankheiten werden. KI kann große Mengen an medizinischen Daten analysieren, um Muster und Anzeichen von Krankheiten zu erkennen, oft schneller und genauer als Menschen. So wird in einem aktuellen Projekt des Leibniz-Instituts für Zoo- und Wildtierforschung untersucht, inwieweit Krankheiten anhand von Bewegungsauffälligkeiten von Tieren in lebenden Beständen identifiziert werden können.

Mehr als neun von zehn infizierten Sauen verenden an der Afrikanischen Schweinepest.

Über den Einfluss des Wolfes auf die Ausbreitung der ASP wird heftig diskutiert.

MODELLIERUNG UND KRANKHEITSBEKÄMPFUNG

Die computergestützte Modellierung spielt eine wesentliche Rolle in der Krankheitsbekämpfung, insbesondere bei der Vorhersage von Krankheitsausbrüchen, der Bewertung von Interventionen und der Entwicklung von Strategien zur Eindämmung von Krankheiten. Epidemiologische Modelle werden verwendet, um die Ausbreitung von Krankheiten in einer Population zu simulieren. Diese Modelle helfen zu verstehen, wie sich eine Krankheit verbreitet, und können verwendet werden, um den Effekt verschiedener Interventionen zu untersuchen.

WILDSCHWEINE, WOLF UND ASP

In Zusammenhang mit der Ausbreitung der ASP spielen infizierte Kadaver eine große Rolle. In einer Untersuchung des Friedrich-Löffler-Instituts wollte man es genauer wissen und legte Kadaver von gesunden Wildschweinen aus, um herauszufinden, inwieweit Sauen mit diesen in Kontakt treten oder diese sogar aufnehmen (PROBST et al. 2017). Dabei fand man heraus, dass etwa ein Drittel der Besuche von Wildschweinen zu einem direkten Kontakt mit toten Artgenossen führte. Hinweise auf Aasfresserei ergaben sich dabei allerdings nicht. Gelegentlich wurde jedoch beobachtet, dass Frischlinge an den skelettierten Knochen herumkauten. Auffällig war au-

MORTALITÄT VS. LETALITÄT

Die Afrikanische Schweinepest weist eine sehr hohe Letalität auf, was bedeutet, dass infizierte Schweine mit einer über 90-prozentigen Wahrscheinlichkeit an der Krankheit verenden. Im Gegensatz dazu beschreibt die Mortalität die Häufigkeit, mit der eine Krankheit in einer Population auftritt und zu Todesfällen führt. Die Mortalität der ASP ist deutlich geringer als ihre Letalität, da ein erheblicher Teil eine Krankheitswelle übersteht, weil sie sich nicht infizieren. Die Hoffnung, dass sich die Krankheit aufgrund besonders hoher Mortalitätsraten selbst ausrotten würde, erfüllte sich nicht.

Seit einigen Jahren tritt die Afrikanische Schweinepest bei Wildschweinen in Deutschland regional begrenzt auf.

ßerdem, dass sich die Stücke sehr für den Boden in unmittelbarer Nähe interessierten und darin brachen. Die Forscher kamen zu der Schlussfolgerung, dass die vorgenannten Kontakte ein Übertragungsrisiko darstellen. Zudem fand man heraus, dass ausgelegte Kadaver von Rehen und Rotwild innerhalb weniger Tage u.a. von Wildschweinen nahezu vollständig aufgefressen wurden.

Eine viel diskutierte Frage in diesem Zusammenhang ist, welche Rolle der Wolf im Verbreitungsgeschehen der ASP übernehmen könnte, indem er verendete Wildschweine verwertet. Diesbezügliche Spekulationen gingen davon aus, dass er an der ASP-Verbreitung beteiligt sein könnte. Klarzustellen ist dabei jedoch, dass das ASP-Virus die Darmpassage des Wolfes nicht überlebt. Eine Übertragung auf diesem Weg kann also nicht erfolgen. Auch die Verschleppung von Kadavern erfolgt, wenn überhaupt, nur über geringe Distanzen. Generell bleibt insgesamt also unklar, wie ein Wolf das Virus auf ein lebendes Schwein übertragen soll. Im Ergebnis erscheint es wenig wahrscheinlich, dass diese Wildtierart in der Verbreitung der ASP eine Rolle übernehmen kann.

FALLWILD IM REVIER

Rechtlich gesehen muss bezüglich des Fallwildes einiges beachtet werden. Grundsätzlich ist ein Verbleib des Kadavers im Revier möglich. Dies setzt jedoch voraus, dass von diesem keine anzeigepflichtigen/seuchenhaften Krankheiten (auf Tier und Mensch) übertragen werden können. Zudem darf vom Stück keine Gefahr für die öffentliche Sicherheit und Ordnung ausgehen (z. B. Beachtung der Verkehrssicherungspflichten bei Unfallwild). Ein Wildkörper kann also im Revier verbleiben, wobei ein Vergraben desselben nicht verpflichtend ist. Beim Schwarzwild müssen aus tierseuchenrechtlichen Gründen derzeit aufgrund der ASP-Gefahrenlage alle tot aufgefundenen Stücke gemeldet, untersucht und ggf. auch beseitigt werden. Ob eine Beseitigung von Schwarzwild erforderlich ist, hängt davon ab, ob eine ASP-Restriktionszone besteht bzw. ob das örtlich zuständige Veterinäramt eine vorsorgliche Beseitigung verlangt. Insofern sollte im Zweifelsfall Kontakt zur örtlichen Veterinärbehörde aufgenommen werden.

Tierische Kadaver werden von Sauen als Fraßquelle genutzt.

HERBST

Im Herbst heißt es für Wildschweine zunächst einmal, Reserven zu bilden.

Grundsätzlich werden die Abläufe unseres Schwarzwildes im Jahresgang über die Tageslänge gesteuert. Sensoren im Auge messen die Sonnenscheindauer und synchronisieren daraufhin die Abfolgen im Körper. Bereits im Spätsommer wird dazu die Insulinproduktion im Körper angekurbelt. Die im Herbst abnehmende Tageslichtdauer führt zu anhaltend hohen Insulinkonzentrationen. Dies wiederum fördert die Fetteinlagerung. Versuche an gehaltenen Wildschweinen zeigen, wie man die Bildung von Hormonen durch ein künstliches Lichtregime ankurbeln oder drosseln kann. Gaukelt man ihnen durch künstliche Lichtbedingungen im Stall den Herbst vor, werden die für den Herbst notwendigen Prozesse im Wildkörper in Gang gesetzt. Besonders in Mastjahren profitieren Sauen von den nun zahlreichen Angeboten. Insbesondere Eiche

Die Abläufe im Körper von Sauen werden im Herbst von der sich ändernden Tageslänge beeinflusst.

Gescheckte Stücke kommen beim Schwarzwild in ganz Europa vor.

und Buche sorgen für einen reich gedeckten Tisch. Kastanien werden dagegen eher verschmäht. Doch auch unter den Eichen existieren unterschiedliche Vorlieben. Denn die Früchte der Stil- und Traubeneiche werden denen der Roteiche vorgezogen. In einem Selbstversuch testeten die Autoren die Eichenarten und befanden die Roteiche für bitterer. Der Grund liegt wohl in ihrem höheren Gerbstoffgehalt.

BUNT WIE DER HERBST

Die Vorbereitung auf den kälteren Teil des Jahres umfasst aber längst nicht nur das Anlegen von Reserven. Im Herbst beginnen Wildschweine, sich ein dichtes Winterkleid zuzulegen. Die nur im Winterhaar vorhandene Unterwolle sorgt für Luftpolster. Dadurch entsteht eine weitgehend unbewegliche Luftmasse, die stark isoliert und Wärmeverlust vermeidet. Durch diesen Trick können enorme Mengen an Energie gespart werden. Zudem werden die charakteristischen langen schwarzen Borsten gebildet. Diese erhöhen die Isolationswirkung und verbessern durch ihre schwarze Färbung die Wärmeaufnahme, wenn die Sonne scheint. Diese dunkle Schwartenfarbe war für die Art namensgebend, wenngleich sich bei näherem Hinsehen neben Schwarz auch graue und braune Nuancen finden lassen.

URSPRUNG DER FARBVARIANTEN

Immer wieder kommen in Sauenbeständen auch gescheckte Wildschweine vor. Obwohl bei diesen Stücken keines dem anderen gleicht, sind die Grundmuster ähnlich. Auf einem mehr oder wenigen hellen Untergrund finden sich verstreut schwarze Flecken. In Deutschland liegt der Anteil gescheckter Wildschweine zwischen drei und zehn Prozent. Sie kommen praktisch überall vor, ohne dass es größere lokale Anhäufungen gibt. Gleiches trifft auch für unsere Nachbarländer zu. Der Theorie nach sollen Einkreuzungen mit Hausschweinen dafür verantwortlich sein. Dies scheint historisch insofern schlüssig, als dass es früher in der Schweinehaltung durchaus üblich war, die Tiere auf die Weide zu treiben oder im Wald zu hüten und auf diese Weise zu ernähren. Ein Austausch zwischen ihnen und ihren wilden Vettern könnte also prinzipiell stattgefunden haben. Die Frage ist jedoch, ob die Ergebnisse dieses Kontaktes bis heute erhalten geblieben sind. Stimmt diese Hypothese, dürfte der Austausch nur in Ländern zustande gekommen sein, in denen Schweine gehalten bzw. gezüchtet wurden. Gescheckte Wildschweine dürfte es demnach in islamischen Ländern nicht geben, weil Schweine dort aus religiösen Gründen nicht verzehrt und demnach auch nicht gehalten werden. Die Überprüfung dieses Zusammenhangs brachte jedoch Erstaunliches zutage.

So kommen zum Beispiel in der Türkei ebenfalls gescheckte Wildschweine vor (DEMIRBAS et al. 2016). War die Theorie mit den Hausschwein-Einkreuzungen also doch falsch? Ist die auffällige Zeichnung doch nur eine Laune der Natur? Könnte es sich um eine einfache Farbmutation handeln, wie sie beispielsweise bei Reh- oder Damwild vorkommt? Um die Zusammenhänge besser zu verstehen, ist es hilfreich, sich mit den biologischen Hintergründen zu befassen. Die Farbgebung von Haaren wird durch einen bestimmten Genabschnitt bestimmt, der den Namen MC1R trägt. Dieses Gen steuert die Produktion des Farbpigments Melanin in bestimmten Zellen des Haarfollikels und reguliert damit die Farbe von Haaren. Grundsätzlich gibt es zwei verschiedene Melaninarten. Das Eumelanin ist für die schwarze Färbung von Haaren verantwortlich, wohingegen das Phäomelanin rote und gelbe Anteile im Haar erzeugt.

GENE UND SELTENE MUTATIONEN

Genetische Analysen zeigen, dass der für die Farbgebung verantwortliche Genabschnitt bei Hausschweinen Unterschiede zu dem der Wildform aufweist. So ließen sich bis zu zehn verschiedene Mutationen des betreffenden Genabschnitts nachweisen. Bei Hausschweinen führen diese Veränderungen zu verschiedenen Fellzeichnungen der einzelnen Schweinerassen. Doch auch bei normal gefärbten Wildschweinen fanden sich veränderte DNS-Sequenzen. Interessant ist, dass es sich dabei um stille Mutationen handelt. Das heißt, dass diese keine Konsequenzen für die spätere Farbgebung zur Folge haben. In der Natur bleiben letztlich nur die Veränderungen übrig, die für das Stück keine negativen Konsequenzen haben. Warum gescheckte Wildschweine auf Introgression (Bewegung eines Gens, Chromosoms, Chromosomsegments oder Genoms von einer Art auf eine andere) von Hausschweinen zurückzuführen ist, verrät das Muster der Scheckung selber. Denn um eine gescheckte Schwarte entstehen zu lassen, genügt nicht nur eine zufällige Mutation. Ein weißer Untergrund mit schwarzen Flecken ist derart komplex, dass es dazu mehrerer unabhängiger Mutationen bedürfte. Dies kann nicht auf natürlichem Wege geschehen. Tatsächlich sind sie Ergebnis einer aktiven und langen Selektion durch den Menschen. Denn ein primäres Ziel der Hausschweinezucht war es, die Tiere von wilden Schweinen optisch abzugrenzen, wozu sich die auffällige Scheckung sehr gut

Auch bei Hausschweinen gibt es durch genetische Variationen unterschiedliche Farbgebungen.

eignete. „Zwischen der Selektion von Mutter Natur und dem des Menschen bestehen eben große Unterschiede“, kommentierte Professor Larson von der Universität aus Oxford, ein führender Schweinegenetiker, dazu. Treten Abweichungen in der Schwartenfärbung auf natürlichem Wege bei Wildschweinen auf, werden sie im Normalfall rasch ausselektiert. Die unzureichende Tarnung lässt sie schneller Opfer von Beutegreifern werden. Treten also natürliche Veränderungen der Schwarte auf, verschwinden diese in der Regel auch ebenso schnell wieder. Da es jedoch bei unseren Wildschweinen über einen langen Zeitraum eine anhaltende Durchmischung mit Hausschweinen gab, sind Teile ihres Genpools fest in der Wildschweinpopulation verankert. Hier wurde gewissermaßen „aktiv“ ein stark veränderter Genabschnitt über mehrere Jahrhunderte in eine Wildtierpopulation integriert. Grundsätzlich wird die gescheckte Zeichnung rezessiv (verdeckt) weitergegeben. Scheckung tritt nur dann auf, wenn beide Elterntiere die Information dazu in sich tragen.

Da diese Information bei den Eltern verdeckt vorliegt, müssen sie selbst also gar keine scheckige Zeichnung aufweisen. Durch selektive Schonung betreffender Sauen könnte ihr Anteil in einer Population gezielt erhöht werden, was in der Praxis jedoch kaum wünschenswert ist. In Einzelfällen kann die Schonung einzelner Individuen der Wiedererkennung von bestimmten Rotten dienen und dazu beitragen, die Stücke besser studieren zu können.

SAMTSCHWEINE

Sogenannte Samtschweine, bei denen Schalen und Schwarte einen helleren samtartigen Ton aufweisen, sind ebenfalls auf vorausgegangene Einkreuzungen mit Hausschweinen zurückzuführen.

In einem Wurf können sowohl gescheckte als auch normalgefärbte Frischlinge vorkommen.

AUCH IM ORIENT BUNTE SCHWARZKITTEL

Offen bleibt dabei zunächst, warum es in islamischen Ländern, wie der Türkei, gescheckte Wildschweine gibt. Der Grund ist wohl in der weiter zurückliegenden Historie dieser Region zu suchen. Blickt man in den vorderen Orient, wie er zum Beispiel vor 1.000 Jahren bestand, so finden wir mit dem byzantinischen Reich eine Gesellschaft, in der das Halten und der Verzehr von Schweinen durchaus stattgefunden haben. Es ist demnach wahrscheinlich, dass es auch dort zu einem Austausch zwischen Haus- und Wildschweinen gekommen ist. Dies verdeutlicht, dass genetische Manipulationen, ob aktiv oder passiv, sehr lange gespeichert und aufrechterhalten werden können. Denn tatsächlich ergaben genetische Untersuchungen, dass zwischen fünf bis zehn Prozent des gegenwärtigen Wildschweingenoms von Hausschweinen stammen. Es wird also noch lange dauern, bis irgendwann das letzte gescheckte Wildschwein seine Fährte bei uns zieht.

WO SICH SAUEN EINSCHIEBEN

Um in der kälteren Jahreszeit Energie zu sparen und mit den Kräften zu haushalten, sind neben dem Haarwechsel und dem Anlegen von Reserven auch ausreichende Ruhephasen von übergeordneter Bedeutung. Denn wer sich weniger bewegt, verliert auch weniger Energie. Diese Phasen fördern zudem die notwendige Regeneration und sind auch für kognitive Prozesse entscheidend. Die durchschnittliche Schlafdauer von Sauen liegt bei etwa elf Stunden. Dabei existieren deutliche populationsabhängige und individuelle Unterschiede. In stark bejagten Bereichen, ruhen die Sauen den ganzen Tag über, wobei dabei keineswegs durchgeschlafen wird. Denn kennzeichnend für den Schlaf von Sauen ist, dass er sehr unruhig ist und oft unterbrochen wird. Bis zu 30 Unterbrechungen wurden bei einer diesbezüglichen Untersuchung festgestellt (OLEJARZ et al. 2023). Dies ist auch der Grund, warum nie länger als zwei Stunden am Stück geschlafen wird. Sauen aus unbejagten Bereichen gönnen sich sowohl in der Nacht als auch am Tag Schlafphasen.

Gescheckte Sauen treten in einigen Regionen gehäuft auf.

KLIMA, SCHLAF UND SAUENJAGD

Früher nutzte man Schneelagen zum Jagen, die es damals ab Herbstende regelmäßig gab. Der ausbleibende Schnee führt in vielen Teilen unseres Landes dazu, dass beispielsweise das Kreisen auf Sauen kaum noch durchgeführt werden kann. Dennoch ist das Wissen darum, wo sich Sauen einschieben, nützlich und einige grundsätzliche Regeln helfen, ihre Muster auch im eigenen Revier wiederzuerkennen. Es ist dabei hilfreich, sich in ihre Lebenswelt hineinzudenken. Das Studium von Ergebnissen wissenschaftlicher Versuche kann die selbst gesammelten Erkenntnisse vor Ort sinnvoll ergänzen. Gerade in den letzten Jahren wurden dabei erstaunliche Einblicke in das verborgene Leben des Schwarzwildes gewährt. Auf Schritt und Tritt können die Stücke heute durch Telemetrie verfolgt werden. Bei einer besenderten Leitbache ließ sich so innerhalb eines Jahres eine zurückgelegte Gesamtdistanz von insgesamt 1.400 Kilometern errechnen und auswerten (HANDSCHUH 2014). Dabei fand man heraus, dass sie ihre Tagesschlafplätze ausschließlich in den Kernbereichen ihres Streifgebietes wählte. Über ein gesamtes Jahr hinweg wurden bis zu 15 verschiedene Schlafplätze aufgesucht. Ein ebenfalls in diesem Projekt besenderter Frischlingskeiler zeigte eine etwa doppelt so große Zahl an Tageseinständen. Diese befanden sich bevorzugt in unterholzreichen Bereichen, die zudem mit Brombeeren bewachsen waren. Gerade solche Strukturen werden von Sauen generell gerne aufgesucht.

INDIVIDUELLE VORLIEBEN: WALD- ODER FELDSAU

Grundsätzlich meiden Sauen Tageseinstände, die sich im offenen Gelände befinden (KEULING 2004). Deckungsreiche Strukturen werden immer bevorzugt. Interessant ist dabei die Feststellung, dass es Sauen gibt, die den Tag immer im Wald verschlafen, während andere zumindest saisonal auch Felder (beispielsweise Mais oder Raps) aufsuchen, um dort den Tag zu verbringen (KEULING et al. 2008). Bei der Wahl der Einstände bestehen also sehr individuelle Vorlieben. Es gibt Sauen, die sich bevorzugt in Laubholzkulturen einschieben, während andere Nadelhölzer bevorzugen. Dort, wo Fichten selten sind, haben diese Bäume eine

Das Kreisen von Sauen ist eine interessante Jagdart, die heute aufgrund des ausbleibenden Schnees meist unmöglich ist.

Rapsschläge werden von einigen Schwarzkitteln als Dauereinstand genutzt.

besonders hohe Anziehung. Manchmal reicht aber auch ein Kiefernzopf, der als Tageseinstand genutzt wird. Das Vorgenannte verdeutlicht, dass die Schlafplatzwahl sehr individuell ist. Was sie jedoch gemein haben, ist, dass nach Möglichkeit dichtere Einstände gewählt werden. Ein etwaiger Feind kann sich so nicht geräuschlos nähern, und die Sauen selber können sich mit wenigen Fluchten außer Sichtweite bringen.
Sicherheit hat bei Sauen eindeutig den höchsten Stellenwert. Durch soziales Lernen und Habitatprägung erlernen bereits Frischlinge, wo sich die richtigen Schlafplätze befinden. Dass diese Verhaltensweisen erlernt werden – und nicht etwa angeboren sind – wird bei Frischlingen deutlich, die nicht mit ihren Artgenossen groß werden. CH. STUBBE (1997) beschreibt ein solches Beispiel. In diesem Fall hatte sich ein Frischling einem Sprung Rehe angeschlossen. Entsprechend wählte er wie die Rehe auch Tagesschlafplätze, die sich in der offenen Feldflur befanden. Wo sich Sauen einschieben, ist zum Teil aber auch vom Wetter abhängig. Bei ungünstigen Wetterlagen mit Niederschlag suchen sie gerne Fichtenbestände auf (KEULING et al. 2004). Meynhardt konnte bei seinen Rotten feststellen, dass sie sich bei Regen gerne in dichte Kiefernbestände einschoben. Beide bieten guten Schutz vor Regen und Schnee. Sauen liegen bei diesem Wetter auch fester als sonst und reduzieren ihre Aktivität (THURFJELL et al. 2014). Einen ähnlichen Effekt hat starker Wind (LEMELET al. 2003). Auch Temperatur und Sonne können sich auf die Schlafplatzwahl auswirken. Gerade

UNRUHIGER SCHLAF

Der Schlaf von Wildschweinen variiert stark und ist individuell unterschiedlich. Einige Tiere schlafen bis zu 50 % mehr als andere. Generell ist ihr Schlaf eher unruhig und von regelmäßigen Wachphasen unterbrochen. Im Winter schlafen Wildschweine mehr als im Sommer, da kühlere Temperaturen den Schlaf begünstigen. In heißen Sommermonaten sind die Schlafphasen kürzer und häufiger von Wachphasen unterbrochen. Wetterbedingungen wie Regen oder Schneefall sind für das Ruheverhalten der Tiere sogar günstig, da es sich positiv auf die Schlafqualität auswirkt.

an sonnigen Wintertagen sucht Schwarzwild Plätze auf, an denen sie sich aufzuwärmen können. Ist das Gelände kupiert, bevorzugen sie windgeschützte Südlagen: Dies dient nicht nur der Thermoregulation, sondern auch dem Auffüllen des Vitamin-D-Speichers.
Sauen neigen dazu, sich in ihren Tageslagern in der Nord-Süd-Achse auszurichten. Auch die Flucht erfolgt bevorzugt in dieser Achse. Wohin sie jedoch im Einzelnen flüchten, ist nicht vorhersagbar. Unberechenbarkeit ist eine der zentralen Feindvermeidungsstrategien des Schwarzwilds. Dies gilt aber nicht nur für das unmittelbare Fluchtverhalten. Denn wie Untersuchungen dokumentieren, lässt sich aus dem Ort des Tagesschlafplatzes nicht generell schließen, wo die Rotte als Erstes ins Gebräch gehen wird (HANDSCHUH 2014).

KESSEL BIETET SCHUTZ

Sauen überdauern gelegentlich auch längere Zeit in ihren Schlafkesseln. Dies ist dann der Fall, wenn die Wetterbedingungen unwirtlich sind. In diesem Zusammenhang ist eine besenderte Bache zu erwähnen, die ihren Kessel über 27 Stunden nicht verließ, um so einen anhaltenden Schneesturm auszusitzen.

Herrscht nicht allzu großer Druck, flüchten Sauen in der Regel nicht kopflos.

FEINDVERMEIDUNG STEHT ÜBER ALLEM

Das Vigilanzverhalten (Feindvermeidung) nimmt im Leben von Schwarzwild einen hohen Stellenwert ein. Dabei geht es in erster Linie um das Ausweichen von Wolf und Mensch. Im erweiterten Sinne kann es auch im Umgehen grundsätzlicher Störquellen gesehen werden. Die Bedeutung für die Sauen ist, wie für andere Tiere auch, fundamental, denn Fehler können für das Stück tödlich enden. Sicherheit steht also über allem – eine Sau hungert also lieber, als sich aktiv einer Gefahr auszusetzen.

LANDSCHAFT DER ANGST

In der jüngeren Vergangenheit wurde in der Wissenschaft in diesem Kontext der Begriff der sogenannten *Landscape of Fear* (Landschaft der Angst) entwickelt. Dieses Konzept geht davon aus, dass Tiere in der Lage sind, eine Vorstellung davon zu entwickeln, wann welche Flächen ein gesteigertes Risiko für eine Störung haben. Dies führt zu einem an den Lebensraum angepassten Raum-Zeit-Verhalten. Bemerkenswert ist, dass es auf diese Weise dazu kommen kann, dass selbst benachbarte Populationen der gleichen Art ihren Lebensraum verschieden wahrnehmen und nutzen. Neben anderen Störgrößen übernimmt die Jagd bezüglich der Landschaft der Angst eine besondere Rolle. Sie kann sogar zur bestimmenden Größe des Raum-Zeit-Verhaltens werden und darüber entscheiden, welche Stücke eines Bestandes überleben. Je stärker der Jagddruck, umso deutlicher wird die Aktivität in die Nacht verlegt.

Im Einzelnen ist natürlich besonders interessant zu wissen, wie Sauen nach der Erlegung eines Rottenmitglieds reagieren.

Wie weit flüchten sie? Welchen Einstand nehmen sie an? Wie lange werden sie diesen Bereich meiden? Seitdem man Schwarzwild mit GPS-Sendern verfolgen kann, haben Biologen viele Zusammenhänge aufklären können, die zuvor im Verborgenen geblieben sind. Mithilfe der modernen Technik ist es nun möglich, präzise zu analysieren, wie die Schwarzkittel auf Jagd und den Abschuss von Rottenmitgliedern reagieren. Schon länger weiß man, dass Sauen im Stande sind, sehr differenziert auf bestimmte jagdliche Situationen zu reagieren. In einer schwedischen Studie wollten es Wissenschaftler genauer wissen und untersuchten, wie Sauen auf verschiedene Jagdarten reagieren (THURFJELL et al. 2013). Dabei wurde auch analysiert, wie Schwarzwild agiert, wenn die Jagd eigentlich ganz anderen Wildarten gegolten hat. Es stellte sich heraus, dass der Entenstrich oder die Ansitzjagd auf anderes Schalenwild zwar sehr wohl wahrgenommen wird, sie jedoch nicht zur Flucht veranlasst. Die Sauen reagierten in der Regel, indem sie ihre Aktivitäten verringerten. Dadurch, so interpretieren die Forscher dieses Verhalten, reduziert sich die Wahrscheinlichkeit, selber entdeckt und erlegt zu werden.

ÜBERLAUFEN LASSEN ODER LIEBER FLÜCHTEN?

Bei der Reaktion der Sauen auf die Jagd muss zwischen unmittelbarem und längerfristigem Ausweichverhalten unterschieden werden. Zu den unmittelbaren Reaktionen gehört das Fluchtverhalten nach einer jagdlichen Störung. Das kann je nach Geländebedingungen und Art der Störung sehr kurz, aber auch weiträumiger ausfallen. Entsprechend stellte Bauch (2014) bei Drückjagdsituationen Fluchtdistanzen von 80 bis 3.200 Meter fest. Zoller (2014) belegte, dass es zum Verhaltensinventar von Sauen gehört, sich in solchen Situationen überhaupt nicht zu bewegen, sondern von der Treiberwehr überlaufen zu lassen. Ein vergleichbares Verhalten zeigte auch ein besenderter Keiler, der sich von den Treibern nicht auf die Läufe bringen ließ (BAUCH 2014).

01

02

Die Daten weisen dabei auch darauf hin, dass die Flucht der Sauen selbst nach einem Abschuss keineswegs unkontrolliert erfolgt. Denn auch unter solchen Stressbedingungen werden gewohnte Wechsel gezielt angenommen (BAUCH 2014, ZOLLER 2016). Dies gilt mit Einschränkung sogar für Situationen, in denen Rotten gesprengt wurden und – zumindest ein Teil – führungslos ist. Zumindest ältere und erfahrene Rottenmitglieder sind auch nach ihrer Versprengung in der Lage, sich kontrolliert zu verhalten. Sie suchen zügig dichte Bestände auf, schieben sich dort ein und warten ab. Unerfahrene Frischlinge verhalten sich dagegen oft irrational. Auf der Suche nach anderen Rottenmitgliedern führt ihre hohe Aktivität deshalb auch dazu, dass sie häufiger erlegt werden.

Im Allgemeinen finden voneinander getrennte Stücke einer Rotte nach wenigen Stunden wieder zusammen. Im Hinblick auf eine Steigerung der Effizienz von Drückjagden müssen potenzielle Komplexe, die von den Sauen aufgesucht werden, also mehrfach während einer Jagd beunruhigt werden. Dies veranlasst die Stücke dazu, zwischen den einzelnen Bereichen zu wechseln. Da dies überhaupt nur auf großer Fläche realisierbar ist, muss aus wildbiologischer Sicht erneut auf die Notwendigkeit der großräumigen Organisation von Drückjagden aufmerksam gemacht werden. Sodeikat & Pohlmeier (2007) verglichen das längerfristige Verhalten und die Raumnutzung von neun senderüberwachten Rotten vor und nach einer Drückjagdsaison. Dabei deckten die verschiedenen Tagesschlafplätze einer Rotte vor der Drückjagdsaison eine Fläche von durchschnittlich 183 ha ab. Nach der Saison vergrößerte sich diese auf 299 ha. Aktive Störungen in den Tageseinständen führen also offenbar zu Verschiebungen in der Schlafplatzwahl. Keuling et al. (2008) stellten in diesem Zusammenhang fest, dass die von ihnen überwachten Rotten im Wesentlichen innerhalb ihres normalen Streifgebiets auswichen. Nur 14 % der Lokalisationen wurden aufgrund der jagdlichen Störungen außerhalb ihrer eigentlichen Streifgebiete aufgenommen. Vereinzelt hat Jagd jedoch auch größere Ausweichbewegungen von bis zu sechs Kilometern zur Folge (SODEIKAT & POHLMEIER 2007). Besonders wenn ein Gebiet anhaltend durch Drückjagden beunruhigt wird, kann dies weitere und nachhaltige Streifgebietsverlagerungen verursa-

03

01 Die Fluchtdistanzen können bei intensiven Drückjagden mehrere Kilometer betragen.

02 Drückjagden können zu einer nachhaltigen Streifgebietsverlagerung führen.

03 Versprengte Frischlinge nach Drückjagden verhalten sich häufig irrational und werden zur leichten Beute.

chen. Auch der Einsatz hochläufiger Hunde beeinflusst dies mit: So stellten Thurfjell et al. (2013) zum Teil sehr weiträumiges Ausweichverhalten fest, sobald große Hunde im Treiben waren. In dieser Studie wurden Distanzen von bis zu 20 km registriert! Dabei hielten sich die Rotten fast einen ganzen Monat in den fremden Arealen auf, ehe sie in die angestammten Bereiche zurückkehrten.

WANN KOMMEN SIE WIEDER?

Wie Sauen nach dem Abschuss eines Rottenmitgliedes reagieren, wurde zuletzt durch verschiedene Forscher aufgezeichnet und analysiert. Linderoth (2016) dokumentierte die Reaktion einer besenderten Bache, nachdem einer ihrer Frischlinge an einer Kirrung erlegt worden war. Nachdem der Frischling um 21:45 Uhr erlegt wurde, flüchtete die Bache etwa 1,7 km. In der Folgenacht nahm sie bereits wieder einen Einstand in der Nähe des Abschussortes an. Erstaunlicherweise wurde die Kirrung bereits in der siebten Nacht nach der Erlegung erneut aufgesucht. Einen weiteren interessanten Fall verzeichnete ebenfalls Linderoth (2016). Dabei wurde zunächst ein Frischling aus einer aus neun Stücken bestehenden Rotte erlegt, woraufhin jene knappe 1,5 km flüchtete. Bereits in der Nacht danach kehrten die Rotte zurück, und es wurde erneut eine Sau erlegt. Erst diese zweite Erlegung veranlasste den Verband, den Ort länger zu meiden.

Dies schloss nicht nur die nächtliche Nutzung ein, sondern auch die Tageseinstände: Die lagen bis dahin nämlich stets in der Nähe des Erlegungsortes. Generell scheinen Sauen sehr individuell auf Abschüsse von Rottenmitgliedern zu reagieren. Die Reaktion ist dabei stark von bis dahin gemachten Erfahrungen abhängig. So vermeiden alte Bachen über Wochen oder gar Monate jene Plätze, an denen sie ein Mitglied aus ihrer Rotte verloren haben (ZOLLER 2016).

Über das alles sollte man sich bewusst sein und auch bei der jagdlichen Planung gezielt darauf einstellen. Der Erfolg auf dieses intelligente Wild wird es ihm danken.

DAUERBELAGERUNG DURCH WÄRMEBILD-TECHNIK

Mit der rechtlichen Legitimierung von Wärmebildtechnik haben sich die Voraussetzungen speziell für die Schwarzwildjagd nochmals geändert. Die Jagd in der Nacht ist nun nicht mehr an den Mond gebunden und kann quasi dauerhaft erfolgen. So bequem die Jagd nun für den Jäger ist, so problematisch kann sie für die Wildarten werden. Denn erfolgt Jagd nun räumlich und zeitlich permanent, entsteht eine dauerhafte Drucksituation. Grundsätzlich ergibt sich dann ein permanenter Konflikt zwischen der Feindvermeidung und dem Zwang, Fraß aufnehmen zu müssen.

VIELE STRESSFAKTOREN

Die Existenz des Menschen schränkt unsere heimischen Wildtiere teils stark ein. Neben Erholungsuchenden und Freizeitsportlern führt aber auch die Jagd zu einem spürbaren Druck. Die Störung kann dabei sogar so

NACHTJAGDKONVENTIONEN

Zeitliche Beschränkungen

- keine Dauerbelagerung
- eigene Intervalle etablieren (eine Woche jagen, drei Wochen Ruhe)

Örtliche Beschränkungen

- gezielter Einsatz zur Schadensabwehr
- dort einsetzen, wo Wildschweine ferngehalten werden sollen (hunting for fear)
- Verzicht im Wald und auf Wildäsungsflächen

Was an technischem Vorsprung erworben wird, sollte im Sinne der Weidgerechtigkeit eingesetzt werden. So gilt:

- Fernschüsse vermeiden
- keine Schüsse auf flüchtige Sauen
- Splittertreffer unbedingt vermeiden
- Nachtjagd vor Drückjagden vermeiden
- Schießen sie nur, wenn sich absolut nichts zwischen Ihnen und der Sau befinden kann. Wärmebildgeräte vermitteln hier häufig ein falsches Bild.

Mittels Wärmebild- und Nachtsichttechnik kann heute rund um die Uhr auf Sauen gejagt werden.

Neben der Jagd können auch Erholungssuchende als Störfaktor auf Wild wirken.

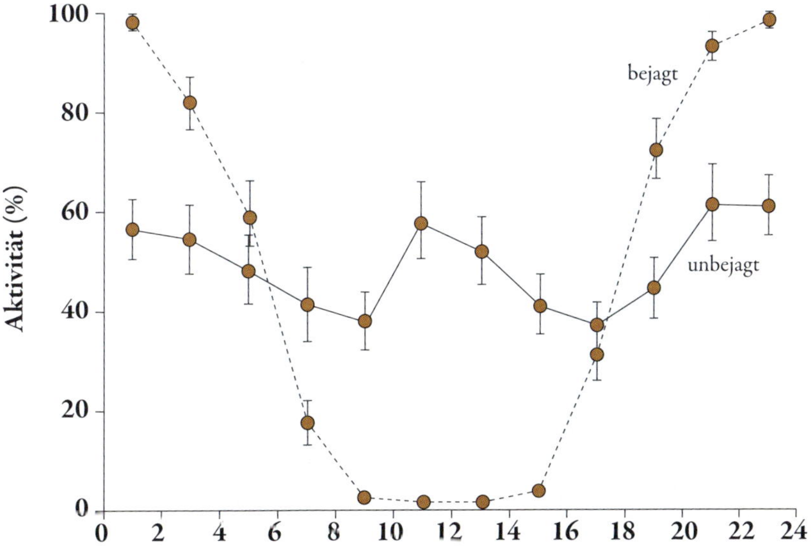

In bejagten Populationen sind Sauen nahezu ausschließlich dämmerungs- und nachtaktiv (PODGORSKY et al. 2013).

Durch die zunehmende Verbreitung des Wolfes in Deutschland hat sich das Verhalten des Schwarzwildes geändert.

ANPASSUNGEN AN DEN WOLF

Seit einigen Jahren haben es die wehrhaften Sauen neben dem menschlichen Jäger auch mit dem Wolf zu tun. In diesem Zusammenhang kam es zu verschiedenen Verhaltensanpassungen. So scheinen sich die Sauen mit der dauerhaften Anwesenheit von Wölfen Hunden gegenüber aggressiver zu verhalten. Jedenfalls geht das aus Drückjagdbeobachtungen der zurückliegenden Jahre hervor. Durch die Wolfspräsenz kann es bei den Sauen zu größeren Zusammenschlüssen kommen. Dieses Phänomen wird in der Biologie als *Tend-and-befriend*-Reaktion bezeichnet. Das bedeutet, dass größere Zusammenrottungen mehr Schutz bieten und das Prädationsrisiko für das Einzeltier dadurch herabgesetzt wird. Dies erschwert zugleich den jagdlichen Zugriff, denn viele kleinere Verbände sind besser bejagbar als ein großer.

groß werden, dass sie ein tierschutzrechtlich relevantes Niveau erreicht. Bezüglich der Jagd ist dies dann der Fall, wenn sie einen zeitlich und räumlich flächendeckenden Druck erzeugt. Im Ergebnis kann der menschliche Jäger dann ein ähnlicher oder sogar größerer Faktor werden als ein natürlicher Prädator. Für den Jäger bedeutet dies, insbesondere seine Nachtjagdstrategie gut zu überdenken. Unseren Wildarten muss auch die Möglichkeit des Rückzugs belassen werden. Der Jäger sollte deshalb des nachts nur dort eingreifen, wo es aus Gründen der Wildschadensverhütung auch erforderlich ist. Denn die wildbiologische Forderung lautet, unseren Sauen trotz der zweifellos gesteigerten Anforderungen zur Seuchenbekämpfung und Wildschadensverhütung auch ausreichend Ruhe zu gönnen.

SAUEN KENNEN IHRE JÄGER

Sauen passen sich den Stressoren ihrer Umgebung hervorragend an. Es entsteht dadurch ein System der Meidung, indem sie den Hauptstressoren räumlich und zeitlich ausweichen. Sie sind dabei auch in der Lage, sich den ortsüblichen jagdlichen Gepflogenheiten anzupassen und diese zu umgehen. Jäger sollten deshalb von Zeit zu Zeit ihre Strategien überdenken und die Art und Weise der Jagd variieren. Es empfiehlt sich zum Beispiel, auch mal antizyklisch zu jagen und räumliche Schwerpunkte zu verändern. Drückjagdstände sollten im Abstand von 2–3 Jahren auf ihre Effizienz hin überprüft werden und bei ausbleibendem Jagderfolg umpositioniert werden.

WEITREICHENDE SCHUSSWIRKUNG

Nicht nur die Sauen selbst, sondern auch andere Arten im Revier reagieren auf die nächtliche Jagd. Insbesondere das sehr störungsempfindliche und leicht zu aktivierende Rotwild wird rasch beunruhigt. Allein ein brechender Schuss kann bei ihnen auch auf größere Entfernung eine Flucht auslösen. Bei sehr sensiblen Alttieren kann dies sogar zu einer dauerhaften Meidung eines betreffenden Areals kommen. In einer anderen Studie wechselte ein Alttier sogar über mehrere Wochen seinen Einstand in Folge eines in seiner Nähe abgegebenen Schusses (Entfernung 900 m) (GRIESBERGER). Bei Untersuchungen an Wapitis stellte man fest, dass sie selbst in einer Distanz von einem Kilometer mit einer Erhöhung der Herzfrequenz um bis zu 90 % reagierten.

DA GEHÖRT DIE KUGEL HIN

Die entstehende Störwirkung lässt sich durch die Verwendung von Schalldämpfern etwas abmildern. In Zusammenhang mit der Schussabgabe auf Sauen sind aber noch weitere Dinge zu beachten. Dies bezieht sich beispielsweise auf die Trefferlage. Die Erfahrung zeigt, dass es keinen absolut sicheren Schuss gibt. Ein Schuss, der bei dem einen Stück zum sofortigen Verenden führt, kann selbst bei absolut identischer Trefferlage und vergleichbarem Gewicht bei einem anderen eine Flucht nach sich ziehen. Die Ursachen dafür sind sehr komplex und hängen auch mit individuellen Erregungszuständen der Stücke zusammen. Die Gretchenfrage nach der optimalen Trefferlage hat insbesondere bei Sauen in der Vergangenheit viele Blüten treiben lassen. Der Schuss hinter den Teller wirkt zweifellos sofort, aber nur dann, wenn er ins Rückenmark, Gehirn oder sehr nah daran auftrifft bzw. die Carotiden (Halsschlagadern) eröffnet. Dies setzt eine sehr hohe Präzision des Schusses voraus, die unter jagdlichen Bedingungen nicht immer gewährleistet werden kann. Ähnlich verhält es sich bei Schüssen auf das Herz. Dieses liegt auf der Höhe der vierten bis fünften

Durch die Nachtjagd werden auch andere Wildarten im Revier gestört.

Sauen sind schusshart. Schlechte Treffer sorgen für teils lange Nachsuchen.

HOHLSCHÜSSE

Eine Besonderheit sind sogenannte Hohlschüsse. Das Geschoss kann dabei auf dem Blatt eingeschlagen sein, führt im Ergebnis aber nicht zu einer Eröffnung der Kammer. Oft kommt es dabei dazu, dass das Geschoss durch den Aufprall auf dem Schulterblatt extrem ungünstig abgelenkt wird und die Lunge nicht kollabiert. Das Stück ist trotz des guten Treffersitzes nicht tödlich getroffen. Besonders bei Umstellungen auf neue Geschosse muss auf derartige Aspekte geachtet werden.

Rippe sehr tief in der Brusthöhle. Wird es erfasst, führt der hydrodynamische Effekt zu einer maximalen Belastung und Zerstörung. Allerdings ist der Bewegungsapparat meist noch intakt. Außerdem führen tiefer sitzende Treffer schnell zu Fehl- oder Laufschüssen.

Aus dem gleichen Grund ist vor Treffern hinter dem Blatt zu warnen. Auch hier kommt es bei Abweichungen schnell zu unerwünschten Konsequenzen. Weicht der Sitz der Kugel nur ein wenig nach hinten ab, führen Leberschüsse unter Umständen zu langen Nachsuchen. Der Schuss aufs Blatt dagegen verspricht die höchste Wahrscheinlichkeit, das Stück im Knall verenden zu lassen. Gleichzeitig bietet diese Trefferlage maximale Sicherheit, da die Schüsse selbst bei etwaigen Abweichungen auf einer großen Fläche im Leben bleiben.

Aus anatomischer Sicht bietet der Blattschuss zudem den Vorzug, dass die Wirbelsäule bei Sauen auf dieser Höhe sich nach unten absenkt und das Geschoss den Wildkörper nahe der Wirbelsäule durchschlägt. Dies hat neben dem Öffnen der Kammer den Vorteil, dass sogenannte Spinalnerven, die aus dem Rückenmark in den Körper ziehen, direkt (Zerstörung) oder zumindest indirekt (Druckwirkung) erfasst werden, was die Wirkung verstärkt.

HALTEPUNKTANPASSUNGEN

Es gibt jagdliche Situationen, da steht die zu beschießende Sau nicht scheibenbreit. In diesen Fällen sind Haltepunktanpassungen erforderlich. Kommt die Sau schräg-spitz auf den Schützen zu, wandert der Haltepunkt nach vorn in Richtung Stich. Umgekehrt wandert der Haltepunkt bei einer spitz von einem wegstehenden oder ziehenden Sau hinter den letzten Rippenbogen. Bei Nahschüssen ist darauf zu achten, dass dieser ohne Haltepunktverlagerung zu einem Tiefschuss führt. In so einem Fall also etwas höher anhalten.

KLEINERE ZIELE!

In der Übung liegt die Präzision. Wer regelmäßig trainiert, wird gute Ergebnisse erzielen. Leider wird bei den Übungen immer auf dicke Sauen geschossen. Die jagdliche Wirklichkeit sieht aber anders aus. Also besser auf kleinere Sauen trainieren. Denn wer einen Frischling sicher trifft, wird mit einer größeren Sau keine Probleme haben. Das betrifft gleichermaßen die unbeweglichen als auch die beweglichen Ziele. Überprüfen Sie selber ihre Ergebnisse und seien Sie kritisch. Auf Drückjagden sollte die Anzahl der abgegebenen Schüsse pro erlegtem Stück bei maximal 1,5 liegen. Besser geht natürlich immer.

Schießtraining sollte selbstverständlich sein.

UNZUREICHENDE SCHIESSERGEBNISSE

In einer umfassenden Untersuchung kam heraus, dass nur 41 % der Schützen auf den laufenden Keiler sehr gute oder gute Ergebnisse erbrachten. In diesem Zusammenhang wurde auch festgestellt, dass nur etwa die Hälfte der Jäger ein Jahr nach ihrer bestandenen Jägerprüfung (ohne Training) noch in der Lage waren, die Schießprüfung zu bestehen. Schießfertigkeiten müssen demnach ein Leben lang stetig trainiert werden.

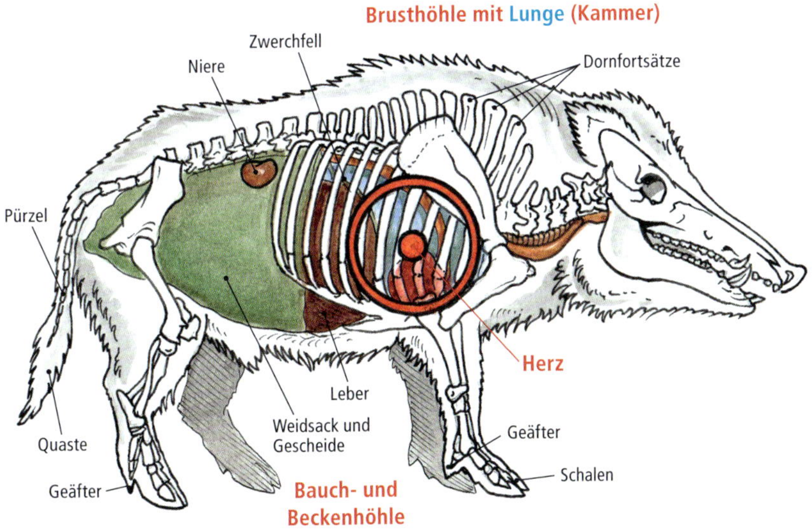

Der optimale Haltepunkt auf Sauen liegt mittig auf dem Blatt (roter Kreis).

WINTER

Mit der Winterzeit kommt es zur spannendsten Phase im Leben des Schwarzwildes. Denn jetzt übernehmen die Hormone die Kontrolle.

Bei den Keilern hat nun das Testosteron das Sagen. Induziert durch das wenige Licht wird es verstärkt produziert. Sehr interessante Versuche an in Ställen gehaltenen Keilern zeigen, dass diese selbst in Abwesenheit von Geschlechtspartnerinnen in dieser Zeit deutlich an Gewicht verlieren. Der einfache Grund liegt in der Tatsache, dass Gonadensteroide einen stark hemmenden Einfluss auf das Hungergefühl haben. Sie nehmen deshalb in der vier- bis sechswöchigen Phase der Rausche kaum Fraß auf, was bei ihnen zu einem Gewichtsverlust von rund 25 % führt.

KEILER UND BACHE STIMULIEREN SICH GEGENSEITIG

Die Rauschzeit wird grundsätzlich durch Bachen ausgelöst. Werden die Tage im Herbst kürzer, ist dies für die Bache das Signal, die Rausche einzuleiten. Welcher Rhythmik dies im Einzelnen folgt, ist bis heute noch nicht genau entschlüsselt. Etwa 14 Tage vor dem Östrus (Eisprung) platzieren die Leit- und andere ranghohe

Nur wenn Bachen rauschig sind, stehen Keiler mit ihnen zusammen.

Treffen mehrere Keiler bei einer Rotte aufeinander, kommt es zu Konflikten.

Bachen ein Augendrüsensekret und Speichel an erhöhten Plätzen. Dabei kann es dazu kommen, dass die genutzten Bäume von den Bachen zuvor gewissermaßen geschält werden, ein Verhalten, welches die Stücke sonst nicht zeigen (MEYNHARDT 1982). Mit etwas Glück kann der Jäger diese Plätze im Revier finden. Für ihn sind diese Orte insofern interessant, als dass eine hohe Wahrscheinlichkeit besteht, dass sie auch in den Folgejahren als Rauschplätze genutzt werden. Diese Markierungen enthalten für die Keiler des Umkreises die Botschaft, sich zur Rotte zu gesellen. Die zweiwöchige Vorlaufzeit stellt dabei sicher, dass möglichst viele Keiler auf das nahende Geschehnis aufmerksam werden, was der Konkurrenz dienlich ist. Eine Bache ist für etwa 48 Stunden aufnahmefähig. In diesem Zeitfenster wird sie mehrfach von einem oder verschiedenen Keilern beschlagen. Ist dieser Akt nicht erfolgreich, dauert es etwa drei Wochen, bis sie erneut östrisch wird. Doch nicht nur Bachen wirken auf Keiler. Auch die im Speichel eines Keilers enthaltenen Pheromone wirken als Stimulus. Die Geschlechter können sich also wechselseitig in Stimmung versetzen. Hausschweine werden zum Beispiel gezielt durch den Einsatz von entsprechenden Pheromonen (Eberspray) in Paarungsstimmung versetzt. Durch die wechselseitige Beeinflussbarkeit von Bache und Keiler wird das Zustandekommen von Rausche und letztlich einer neuen Frischlingsgeneration sichergestellt.

KEILER SUCHEN NÄHE DER ROTTEN

Auch bei den Keilern bewirken die zunehmend kürzeren Tage im Herbst eine Hormonumstellung. War der Organismus bis dahin darauf programmiert, Energie zu speichern und in Weißes umzusetzen, so wird ab dann die Ausschüttung von Testosteron (männliches Geschlechtshormon) angekurbelt. Dadurch wird das starke Geschlecht in Stimmung versetzt. Mit Beginn der Rausche ist dann alles auf Fortpflanzung programmiert. Die Nahrungsaufnahme wird herabgesetzt, phasenweise sogar kom-

01

02

01 Zu den ritualisierten Vorgängen vor den eigentlichen Kämpfen kommt es unter anderem zum Schaumschlagen und Markieren.

02 Bei den Kämpfen ziehen sich die Keiler teils tiefe Schnittverletzungen im Schulterbereich zu.

03 Fehlen starke und alte Keiler im Bestand, kommen auch junge Keiler in der Rauschzeit zum Zug.

plett eingestellt. Die Keiler suchen jetzt die Nähe der Rotten. Sind es mehrere Bassen, dann wird in einer Art Turnierkampf der Durchsetzungsstärkste ermittelt. Je nach Vorhandensein von Keilern können sich bis zu fünf Kontrahenten auf diesen Plätzen einfinden. Keiler unternehmen dazu sogar größere Ausflüge. So wurde durch besenderte Stücke herausgefunden, dass sie innerhalb von 24 Stunden Exkursionen von bis zu 20 Kilometern unternehmen (PODGORSKY mdl. Mitteilung 2017). Auf den Turnierplätzen finden sich auch junge und mittelalte Keiler ein. Sind alte Bassen vorhanden, haben die Jungen jedoch kaum eine Chance, zum Beschlag zu kommen. Treffen zwei körperlich ebenbürtige Kontrahenten aufeinander, kommt es zu einem Kräftemessen. Bevor jedoch die Waffen eingesetzt werden, laufen verschiedene ritualisierte Vorgänge ab. So werden beim sogenannten Wetzen Haderer und Waffen übereinander gerieben. Die Keiler schlagen dabei auch deutlich hörbar ihre Kiefer aufeinander. Zeitgleich produzieren sie den charakteristischen Schaum am Wurf. Die Keiler haben dabei ihre Teller und Federn aufgestellt, um maximale Größe zu erreichen. Im Zustand dieser größten Erregung kommt es auch zum sogenannten Spritzharnen. Aufeinander zulaufend demonstrieren sie gegenseitig ihre Stärke. Sowohl Drohen als auch Imponieren sind als instinktive Verhaltenselemente aufzufassen (WINKLER 2014). Während dieser Phase des Duells wird versucht, den Gegner durch Imponiergesten einzuschüchtern. Dies verhindert, dass es sofort zu einem tatsächlichen Beschädigungskampf kommt. Damit verringert sich für beide Kontrahenten das Verletzungsrisiko. Diese sogenannten Kommentkämpfe sind genau wie beim Hirsch ritualisiert. Der Austausch an Informationen zwischen den Gegnern findet durch Körpersprache statt. Die Abfolge unterliegt festen Regeln und Abläufen. Die Keiler zeigen optisch, akustisch und olfaktorisch, wer sie sind. Da die Mimik von Schweinen nur sehr gering ausgeprägt ist, bereitet es Schwierigkeiten, die jeweilige Verfassung anhand des Gesichtes abzuleiten. Wer einmal die Ge-

03

legenheit hat, einen solchen Kampf bei gutem Licht zu beobachten, kann über die Körperhaltung und besonders die Stellung der Teller viel über den Ausgang des Duells erfahren.

SCHULTERKÄMPFE VON BIS ZU EINER STUNDE

Viele Auseinandersetzungen enden, ohne dass es zu einem Kampf kommt, weil die Größenunterschiede zu deutlich sind. Handelt es sich um ebenbürtige Widersacher, die sich gegenseitig durch Drohen nicht einschüchtern lassen, kommt es zunächst zum Schulterstemmen. Diese Form des Kräftemessens kann mehrere Minuten dauern. Der längste bislang dokumentierte Schulterkampf dauerte etwa eine Stunde. Erbringt dieser ebenfalls keinen Gewinner, kommt es zu einem tatsächlichen Beschädigungskampf und dem Einsatz der Waffen. Die Kontrahenten rammen dabei ihr Gewaff in die Schulter des Gegners, wobei sie sich umeinanderdrehen. Das Ganze wird von teilweise gellenden Schreien begleitet. Dabei wird der Unterkiefer seitlich verschoben und die Gewehre werden von unten nach oben in die Flanke des Widersachers geschlagen. Tiefe, klaffende Wunden sind nach Auseinandersetzungen keine Seltenheit.

Die Schwarten alter, kampferprobter Bassen sind oft durch viele Narben gezeichnet. So wurden beispielsweise bei einem in Ostpolen geschossenen Keiler mindestens 42 Kampfnarben gezählt (KOSLO 1975). Diese Wunden stellen jedoch in der Regel keine größeren Probleme dar. Der bis zu fünf Zentimeter dicke Schild schützt die Kämpfer vor tiefgehenden Verletzungen. Nachdem das Duell beendet ist, verfolgt der Gewinner den Verlierer noch einige Meter. Im Allgemeinen wird die Niederlage durch den Verlierer akzeptiert, und es kommt zu keiner weiteren Auseinandersetzung (BARETTE 1986). Keilerkämpfe beginnen im Allgemeinen in der Dämmerung und gehen bis in die Nacht. Diese Auseinandersetzungen können je nach Zahl der sich dort eingefundenen Keiler mehrere Tage andauern. Der Sieger hat das Anrecht, die Rotte zu begleiten. Er passt sich dabei dem Tagesrhythmus des Verbandes an. Wie lange er bei der Rotte bleibt, ist von der Zahl der Bachen abhängig. Handelt es sich um eine große Rotte, folgt der Keiler dieser manchmal für drei bis vier Wochen. Bei den bei uns sehr häufig vorkommenden Kleinrotten, die aus nur einer oder zwei Bachen und ihren Frischlingen bestehen, verringert sich diese Zeit entsprechend. Ist die letzte Bache beschlagen, verlässt der Keiler die Rotte.

AUCH FRISCHLINGSKEILER MISCHEN MIT

Sind körperlich starke und alte Keiler im Revier vorhanden, werden sich diese auch durchsetzen können und die rauschigen Bachen der Rotten beschlagen. Eine interessante Beobachtung machte MEYNHARDT (1982), indem er bei seinen umfassenden Schwarzwildbeobachtungen feststellte, dass sich auch Frischlingskeiler an der Reproduktion beteiligen. Diese können ab dem siebten Monat geschlechtsreif werden. Zu diesem Zeitpunkt sind die Frischlingskeiler noch bei ihren Familienverbänden. Bachen werden dabei mehrere Male vom Keiler beschlagen. MEYNHARDT stellte fest, dass Frischlingsbachen auch durch eigene Wurfgeschwister beschlagen werden. In der Auseinandersetzung um das Fortpflanzungsrecht kommt es dabei zu vergleichbaren Kämpfen wie bei adulten Keilern. Da ihnen jedoch noch die Waffen fehlen, werden die Sieger im Allgemeinen durch Schulterstemmen ermittelt.

„EBERKITT"

Um die Vaterschaft nach einem erfolgten Beschlag zu sichern, gibt es bei Wildschweinen einen besonderen Mechanismus.

Die Erlegung eines starken sowie alten, starken Keilers ist der Traum vieler Jäger.

Das Sperma von Keilern besteht aus verschiedenen Phasen. Neben Vorphase sowie der ersten (spermienreichen) und zweiten Hauptphase (spermienarmen) gibt es den sogenannten Eberkitt. Dabei handelt es sich um ein von der Harnröhrenzwiebeldrüse abgesondertes Sekret. Dieses verschließt den Gebärmutterhalskanal. Diese Funktion soll eine neuerliche Befruchtung durch Konkurrenten vermeiden. Wie neuere Untersuchungen jedoch zeigen, ist dieser Mechanismus nicht so sicher, wie man früher glaubte. Denn ein Sieg in einem Duell und eine anschließende Kopulation garantieren nicht unbedingt die alleinige Vaterschaft. So ergab eine genetische Analyse von Wurfgeschwistern, dass diese von verschiedenen Vätern stammen können. In etwa 20 Prozent der Fälle wurde mehr als ein Vater pro Wurf identifiziert. In einer französischen Studie wies man sogar bis zu fünf Väter durch DNA-Untersuchungen nach.

ÜBER ALTE KEILER

Das Durchschnittsalter einer Schwarzwildpopulation ist gering. Alte Keiler sind auch aufgrund der Wärmebildtechnik rar geworden. Aus den Raumnutzungsdaten von alten Keilern lässt sich erkennen, dass es selbst auf kleinen Flächen möglich ist, sie alt werden zu lassen. Schon der Zusammenschluss von zwei oder drei Gemeinschaftlichen Jagdbezirken kann erfolgversprechend sein. Da praktisch jedes Revier über mittelalte Keiler verfügt, können Erfolge schon nach kurzer Zeit verbucht werden. Es gibt keine andere Hochwildart, bei der dies in einer vergleichbaren Zeit realisierbar ist. Wichtig ist dabei jedoch, dass der Jagddruck auf alle anderen Stücke unvermindert hoch bleiben muss. Ein bestimmter Anteil alter Keiler innerhalb einer Population ist biologisch stets wünschenswert. Denn dadurch kommt es unter ihnen zu einer Wettbewerbssituation und das Recht auf Fortpflanzung wird buchstäblich ausgekämpft. Verschwinden sie

aus einer Population, bleibt sexuelle Konkurrenz aus. Dies kann langfristig negative genetische Konsequenzen nach sich ziehen. Aufgrund ihrer Seltenheit spielen sie bezüglich des Wildschadengeschehens und bei der Verbreitung von Krankheiten eine untergeordnete Rolle. Lassen wir also einige alt werden.

Der typische Keilergeruch, der von vielen Menschen als unangenehm empfunden wird, entsteht zum einen durch Skatol, ein Stoff, der im Darm entsteht und fäkalartig riecht. Ein weiterer Bestandteil, der den Keilergeruch mitbestimmt, ist Androsteron. Es wird vermehrt im Hodengewebe produziert, im Fettgewebe eingelagert und über den Speichel des Keilers ausgeschieden. Es wirkt als Sexuallockstoff, weshalb Keiler ihren androsteronhaltigen Speichel oft erhöht an Bäumen abstreifen. Wird dieser Speichel von Bachen wahrgenommen, werden sie zur Rausche stimuliert. Ältere Keiler beeinflussen also auch das Rauschegeschehen von Bachen. Ein weiterer Grund, warum diese Keiler in einem Bestand vorkommen sollten, ist die Tatsache, dass sie besser in der Lage sind, rauschige Bachen zu erkennen und dieses Zeitfenster zum Beschlag zu nutzen.

KLEINE TAGESSTREIFGEBIETE

Sauen sind entgegen der landläufigen Annahme standorttreu. Der Mittelpunkt der Tagesstreifgebiete zwischen zwei aufeinanderfolgenden Tagen beträgt in der Regel unter 300 m. Die Tagesstreifgebiete selber haben eine Größe zwischen 40–70 ha. Zum Vergleich: Ein Kreis mit einem Flächeninhalt von 50 ha hat einen Radius von knapp 400 m.

Werden Sauen nicht gestört, sind ihre Streifgebiete relativ klein.

DER MAGGI-MYTHOS

Der Eigengeruch von Schwarzwild ist in der Rauschzeit besonders ausgeprägt. Generell hat diese Art aber auch über den Rest des Jahres einen äußerst charakteristischen Geruch, welcher stark an eine bekannte Würzsoße erinnert. Auch Liebstöckel, ein Doldenblütler, riecht ganz ähnlich, und es drängt sich die Frage auf, was diese drei Dinge, die unterschiedlicher kaum sein könnten, wirklich miteinander zu tun haben.

EIGENGERUCH

Zur Klärung der Zusammenhänge widmen wir uns zunächst der Frage, wie es eigentlich zu dem individuellen Geruch einer Wildtierart kommt. Tatsächlich ist sein Zustandekommen von diversen Faktoren abhängig. Ein wesentlicher ist die Oberfläche. Decke, Schwarte, Fell bzw. die darunterliegende Haut sind übersät mit einem Mix von Mikroorganismen. Jede Art verfügt dabei über eine individuelle Bakterienfauna. Deren Ausscheidungen wiederum haben einen erheblichen Anteil am Eigengeruch von Tieren. Es handelt sich dabei um flüchtige organische Verbindungen, deren olfaktorische Wirkung sich bei Feuchtigkeit intensiviert. Haare vergrößern dabei die Oberfläche und wirken als zusätzlicher Zerstäuber. Eine zweite Eigenschaft, die für den individuellen Eigengeruch sorgt, sind Hautdrüsen. Wildtiere haben in der Regel zwar keine oder keine nennenswerten Schweißdrüsen, wohl aber verfügen sie über diverse apokrine Drüsen. Diese enthalten verschiedene leicht flüchtige Verbindungen, die teilweise im Stande sind, einen enormen Geruch zu erzeugen. Bei Ziegen wurde zum Beispiel 4-Ethyloctanal identifiziert. Dieser für Menschen eher unangenehme Geruch wird von den Böcken im Sinne der Fortpflanzung genutzt. Denn es stellte sich heraus, dass diese Substanz direkt auf die Gehirne der Weibchen wirkt und diese paarungsbereit machen.

Ein dritter wesentlicher Aspekt für Eigengeruch ist die Ernährung bzw. die Art der Verdauung. Während es sich bei Fleisch- und Allesfressern bei der Verdauung um einen Fäulnisprozess handelt, wird die Nahrung der Pflanzenfresser eher vergoren. Dies ist eng an eine entsprechende Bakterienfauna gekoppelt. Bei Fleischfressern sind dies Mikroorganismen, die eher unangenehm riechende Schwefelverbindungen produzieren. Dies ist auch der Grund, warum die Ausscheidungen bei diesen Arten eher unangenehm duften. Es betrifft aber nicht nur die Exkremente. Denn es hat auch Auswirkungen auf den Eigengeruch. Auch am Fleisch bzw. Wildbret dieser Tierarten ist dies deutlich spürbar. Es hat also einen guten Grund, warum auf der ganzen Welt von Menschen bevorzugt Pflanzenfresser gegessen werden.

CHEMISCHE KOMMUNIKATION

Aus biologischer Sicht ist Eigengeruch in ganz anderer Hinsicht relevant. Denn viele Tiere verwenden ihren Geruch aktiv auf ganz unterschiedliche Weise. So vollzieht

Zahlreiche Personen vergleichen den Eigengeruch von Sauen mit dem Duft der Maggiwürze®.

sich die Identifizierung von Artgenossen und soziale Kommunikation bei vielen Arten auf diesem Weg. Wildschweine, wie andere sozial lebende Arten auch, erkennen sich beispielsweise individuell am Geruch. Sie können ein Rottenmitglied auf diesem Wege viel eher identifizieren, als dies mit dem Gesichtssinn der Fall wäre. Einige Tierarten können den Eigengeruch sogar nutzen, um Krankheiten oder andere gesundheitliche Probleme bei Artgenossen zu erkennen.

Von verschiedenen Nagetieren ist bekannt, dass sie ihren Eigengeruch nutzen, um festzustellen, ob ein Individuum krank ist oder Parasiten hat. Das verändert deren Geruch, was von Artgenossen erkannt wird. Auf diese Weise können sie sich vor einer möglichen Ansteckung schützen. Sauen haben ebenfalls eine ausgeprägte Fähigkeit, den Geruch von Krankheiten oder Infektionen bei Artgenossen zu erkennen. Ist ein Stück aus der Rotte krank oder infiziert, kann sich sein Geruch verändern, was von anderen Schweinen wahrgenommen wird. Bei schwerwiegenden Krankheiten oder Verletzungen wird das betreffende Stück aus dem Verband ausgestoßen. Dies erhöht die Überlebenswahrscheinlichkeit der anderen Stücke. Dieser Prozess ist jedoch nicht irreversibel. Ist das betreffende Stück wieder gesund, wird es in der Rotte auch wieder akzeptiert.

GERUCH ENTSCHEIDET

Eigengeruch dient auch der aktiven Übermittlung von Zuständen. So können sogar Gefühle oder hormonelle Zustände auf diese Weise kommuniziert werden. Bemerkenswert ist in diesem Zusammenhang, dass auch bei uns Menschen bestimmte Entscheidungen in hohem Maße vom Geruch beeinflusst werden. Hochinteressant sind Versuche, bei denen man Menschen unbewusst mit gewissen Gerüchen konfrontierte und dann ihre Reaktion testete. In einem Fall besprühte man einzelne Stühle in einem Raum mit Androsteron, einem männlichen Sexualhormon, und forderte die Probanden auf, einen beliebigen Sitzplatz zu wählen. Das Ergebnis war, dass die auf diese Weise präparierten Stühle von Männern eher gemieden wurden, während Frauen ge-

Bei schweren Erkrankungen werden Stücke aus der Rottengemeinschaft ausgeschlossen.

rade diese bevorzugten. Weitergehende Versuche dokumentieren, dass Partnerwahl bei Mensch und Tier in hohem Maße auf Geruch zurückzuführen ist. Denn die Gerüche von Artgenossen können Hinweise auf deren genetische Qualität liefern. In diversen Studien am Menschen zeigte sich übereinstimmend, dass Frauen bei der Auswahl von Partnern den Geruch bevorzugen, der am wenigsten mit ihrem eigenen Odeur übereinstimmt. Der biologische Hintergrund ist schlicht, denn es wird bevorzugt ein Partner ausgewählt, der die eigenen Immunanlagen ergänzt. Auf diese Wiese entstehen vitale und widerstandsfähige Nachkommen. Dies gilt auch bei Tieren.

MAGGI, LIEBSTÖCKEL UND SAUEN

Die Frage, was Liebstöckel, Maggi und Sauen nun miteinander zu tun haben, ist leicht zu beantworten. Vermutlich nichts. Chemisch gesehen haben die genannten Dinge überhaupt nichts gemeinsam. Liebstöckel ist weder in Maggi enthalten noch steht der Eigengeruch von Sauen damit in Zusammenhang. Es ist also mehr ein Zufall, dass alle drei Dinge für uns ähnlich riechen bzw. von uns so wahrgenommen werden. Bleibt noch die Frage, warum Sauen Maggi mögen. Sicher scheint ihnen der Geruch zu liegen. Tatsächlich anziehend und schmackhaft dürfte das darin enthaltene Glutamat für sie sein. Klar ist jedoch auch, dass gegen die wunderbare und letztlich einzigartige Note von Wildschweinen für einen Jäger weder Liebstöckel und schon gar nicht Küchenwürze anstinken können.

UNTERSCHIEDLICHE WAHRNEHMUNG

Besonders interessant ist, dass es generell unterschiedliche Wahrnehmungen des Geruchs von Wildschweinen (insbesondere denen der Keiler) gibt. Frauen scheinen ihn intensiver wahrzunehmen, als es bei Männern der Fall ist. Asiaten reagieren darauf empfindlicher als Europäer.

GERUCHSSINN VON SAUEN

Sauen erschließen sich ihre Welt über Gerüche. Zugang zu dieser Welt verschafft das etwa 300 cm² große Epithel, indem sich etwa 500.000 Riechzellen befinden. Das sind 50 Mal mehr als bei uns Menschen. Der Geruchssinn liefert Sauen auch über weite Entfernung und bei völliger Dunkelheit Informationen ihrer Umwelt. Sie sind in der Lage, Menschen aus einer Entfernung von bis zu 500 m wahrzunehmen. Ihre unglaubliche Nasenleistung drückt sich auch dadurch aus, dass sie imstande sind, Dinge wahrzunehmen, die bis zu einem halben Meter tief in der Erde vergraben sind (Trüffelschweine). Es wird davon ausgegangen, dass ihre Geruchsleistung noch besser ist als die von Hunden, weshalb sie in der Vergangenheit auch bei der Drogen- und Sprengstoffsuche eingesetzt wurden. Besonders bemerkenswert ist, dass sie in Indien und England sogar zu Nachsuchen eingesetzt wurden. Wie sich die Geruchswelt von Wildschweinen im Einzelnen darstellt, wird wohl immer ihr Geheimnis bleiben.

BACHENBEJAGUNG – BEHERZT UND BEHERRSCHT

Winterzeit bedeutet auch, dass sich Jäger nun auch der Bejagung von Bachen widmen. Die Bachenjagd ist in den zurückliegenden Jahrzehnten mit vielen Vorbehalten beladen worden. Die Ansichten sind kontrovers: Sie reichen von totalem Schutz bis zur Aufforderung, ihnen schonungslos nachzustellen, nachdem die Frischlinge das Alter von drei Monaten erreicht haben. Um zu entscheiden, welcher Weg der richtige ist, müssen ein paar grundsätzliche Fragen beantwortet werden. Wie zum Beispiel, welche Konsequenz der Verlust einer Bache für die ganze Rotte hat. In diesem Zusammenhang sind

Zeitpunkt der Erlegung und die jeweilige Rottenstruktur wichtige Variablen. Außerdem muss geklärt werden, was die Bachenbejagung bezüglich der gewünschten Bestandsreduzierung bringt. Eine weitere Frage besteht darin, welche Konsequenzen sich für hinterlassene Frischlinge ergeben, und ob ihre Reproduktion dadurch beschleunigt wird.

GEWICHT ENTSCHEIDEND

Grundsätzlich entscheidet die körperliche Verfassung darüber, wann eine Bache geschlechtsreif (östrisch) wird. Sauen sind mit einem Lebendgewicht von 20 Kilogramm physiologisch in der Lage, aufzunehmen. Es wurden sogar schon Stücke mit einem Lebendgewicht von 16 Kilogramm nachgewiesen. Die Frischlingsbachen sind dann etwa ein halbes Jahr alt. In unseren Breiten beteiligen sich etwa 75 Prozent aller Frischlingsbachen an der Reproduktion. Etwa ein Drittel davon wird zur richtigen Zeit (November/Dezember) beschlagen, ein weiteres Drittel rauscht im Januar/Februar. Ein weiterer Peak ist im März/April zu verzeichnen. In einer französischen Untersuchung fanden Wissenschaftler heraus, dass die Synchroni-

Bachen sind aus jagdlicher Sicht auch heute noch in vielen Revieren ein Tabu.

Ab einem Lebendgewicht von rund 20 Kilogramm können Frischlingsbachen aufnehmen.

tät der Rausche in Mastjahren am größten ist, da die Frischlinge dann schneller die körperliche Reife erreichen (MAILARD & FURNIER 2004). Die abweichenden Rauschzeitpunkte der Frischlingsbachen führen zwangsläufig auch zu Verschiebungen der Frischtermine. Das heißt, dass ein Teil der neuen Frischlingsgeneration erst sehr spät zur Welt kommt. Schnell wird bei den späten Frischlingen behauptet, dass das Sozialgefüge zerstört sei. Auf den etwaigen Verlust einer adulten Bache ist dies jedoch nicht zurückzuführen.

Warum dieses Phänomen in der jüngeren Vergangenheit öfter vorkommt als noch vor einigen Jahrzehnten, könnte damit zusammenhängen, dass die Zahl der Frischlingsbachen wegen der deutlich höheren Schwarzwildbestände zugenommen hat. Klar ist, dass unerfahrene Stücke schneller ihre Nachkommen verlieren und dann nachrauschen. Sind also viele Frischlingsbachen vorhanden, tritt dieser Effekt auch häufiger auf. Zu einem gewissen Anteil sind Frischlinge zur Unzeit also normal. Es ist darauf hinzuweisen, dass es in unbejagten Populationen auch in weiten Teilen des Jahres gestreifte Frischlinge gibt. Daneben wurde in einer französischen Untersuchung ein weiterer Aspekt entdeckt, der das Vorkommen von sogenannten Frischlingsbanden erklärt. Dazu wurde das Reproduktionsgeschehen von Sauen über mehrere Jahre untersucht. Es zeigte sich, dass Frischlinge, die zur rechten Zeit gefrischt worden waren, besonders gute Entwicklung zeigten und bereits im Herbst dazu neigen, abzuwandern. Werden solche Frischlingsrotten angetroffen, entsteht vorschnell der Eindruck, dass die dazugehörigen Bachen geschossen wurden.

AUCH BACHEN MÜSSEN GESTRECKT WERDEN

Sollen Schwarzwildbestände nachhaltig gesenkt werden, ist auch der Abschuss mehrjähriger Stücke unumgänglich. Mit der Erlegung einer zweijährigen Bache werden im Mittel zwölf Frischlinge vermieden, die sie noch bekommen hätte. Wird dagegen eine Frischlingsbache erlegt, werden rein rechnerisch fünf künftige Frischlinge verhindert. Da man nicht ansprechen kann, ob es sich um einen Frischlingskeiler oder eine -bache handelt, reduziert sich dieser Wert auf 2,5.

Will der Jäger den Sauenbestand absenken, müssen auch Bachen erlegt werden.

Die Zahlen berechnen sich aus der jeweiligen Reproduktionsleistung und Überlebenswahrscheinlichkeit. Übersetzt man das Ganze für das Revier, müssen mit Blick auf die Reproduktion vier bis fünf Frischlinge erlegt werden, um dieselbe Zahl an neuen Frischlingen zu vermeiden, die der Abschuss einer Altbache erbringt.

In den Hege- und Wildbewirtschaftungsrichtlinien in Deutschland findet sich ein geforderter Anteil von 10–20 % Bachen an der Gesamtstrecke. Tatsächlich findet die Bejagung von Bachen bis heute in vielen Revieren kaum statt. Teilweise wird der Abschuss sogar bestraft. Dies führt zu einem erhöhten Anteil dieser Klasse im Gesamtbestand. Eine Untersuchung der Uni Rostock ergab, dass die Stücke unter diesen Umständen sehr alt werden können. Das ermittelte Durchschnittsalter lag bei etwa sieben Jahren. Ein weiterer Aspekt ist, dass es mit der Erlegung adulter Bachen auch möglich ist, Wissen aus der Rotte zu entnehmen. Denn gerade diese Bachen sind es, die mit ihrer Erfahrung die Rotte gekonnt an den Schützen vorbeiführen. Durch den Wegfall dieses Erfahrungsträgers kann der Jagderfolg unter Umständen deutlich gesteigert werden. Führungslos ist die Rotte trotz dieses Eingriffs nicht, selbst wenn die Leitbache fallen sollte. Eine nachgeordnete Bache wird sehr schnell die Rolle dieses Stückes übernehmen. Raumnutzungsdaten zeigen, dass daraus keine marodierenden Banden werden. Die Stücke bleiben in den gewohnten Streifgebieten. Möglich ist jedoch, dass sich die Rotte danach teilt. Der Abschuss bleibt aber ohne negative soziale Folgen. Grundsätzlich wichtig ist, dass in jeder Rotte eine adulte Bache verbleiben sollte.

RAUSCHSYNCHRONISATION

Bachen tendieren dazu, ihre Rauschzeit, also die Phase, in der sie empfängnisbereit sind, zeitlich zu synchronisieren. Die Rauschzeit geht initial von der Leitbache aus. Sie beginnt üblicherweise mit der Rausche und alle anderen Rottenmitglieder rauschen kurz darauf ebenfalls. Durch die zeitgleiche Fortpflanzung kann u. a. der Druck von Fressfeinden verringert werden, da eine große Anzahl von Jungtieren gleichzeitig geboren wird. Dies erhöht die Überlebenschancen der Frischlinge.

SAUEN STRAFF UND TROTZDEM SAUBER BEJAGEN

Zusammenfassend lässt sich sagen, dass die Bachenbejagung weder vergöttert noch verdammt gehört. Eine gezielte Entnahme zur rechten Zeit – also im Winter – schadet nicht, trägt zur Senkung der Bestände bei und hilft auch, Erfahrung und Wissen aus den Rotten zu nehmen. 75 Prozent des Abschusses sollte nach wie vor in der Frischlingsklasse erfolgen. Es sollte auch dann weiter auf Bachen gejagt werden, wenn man das Gefühl hat, dass sich ihr Bestand gerade etwas gesenkt hat und keine Wildschäden mehr im Revier festzustellen sind. In dieser Zeit heißt es dann, neue Frischlinge zu vermeiden. Während der Drückjagdsaison sollten die Jagdleiter darauf verzichten, zu enge Gewichtsbeschränkungen (z. B. Sauen nur bis 50 Kilogramm) auszusprechen beziehungsweise Sanktionen anzudrohen. Das hält die Schützen ab, Chancen zu nutzen. Wenn wir die Bestände wirklich senken wollen, müssen auch ausgewachsene Bachen erlegt werden. Führende Stücke bleiben jedoch immer tabu. Der Muttertierschutz bleibt eine unverrückbare Säule verantwortungsvoller Jagd.

Der Schwerpunkt des jagdlichen Eingriffs sollte bei den Frischlingen erfolgen.

VERWANDTENSELEKTION

Verwandtenselektion ist ein Konzept aus der Evolutionsbiologie, das beschreibt, wie Individuen ihr Verhalten zugunsten ihrer Verwandten anpassen können, um deren Überleben und Fortpflanzungschancen zu erhöhen. Zentral ist dabei, dass Gene, die gemeinsame Vorfahren haben, auch indirekt durch den Fortpflanzungserfolg von Verwandten weitergegeben werden können. So haben Leitbachen gar kein Interesse, die Rausche anderer Bachen ihrer Rotte zu unterdrücken, weil sie mit diesen in der Regel eng verwandt sind. Rauschunterdrückung findet also nicht statt.

BEISPIELRECHNUNG

Das enorme Reproduktionspotenzial von Schwarzwild ist bekannt. Es schwankt lebensraum- und fraßabhängig zwischen 180 und 320 Prozent. Im Mittel kann von ca. 200 % ausgegangen werden. Das bedeutet, dass bei einem Bestand von 100 Stücken 200 erlegt werden müssen, um im nächsten Jahr wieder auf den Ausgangsbestand zu kommen. Natürliche Verluste sind bei dieser Kalkulation bereits berücksichtigt.

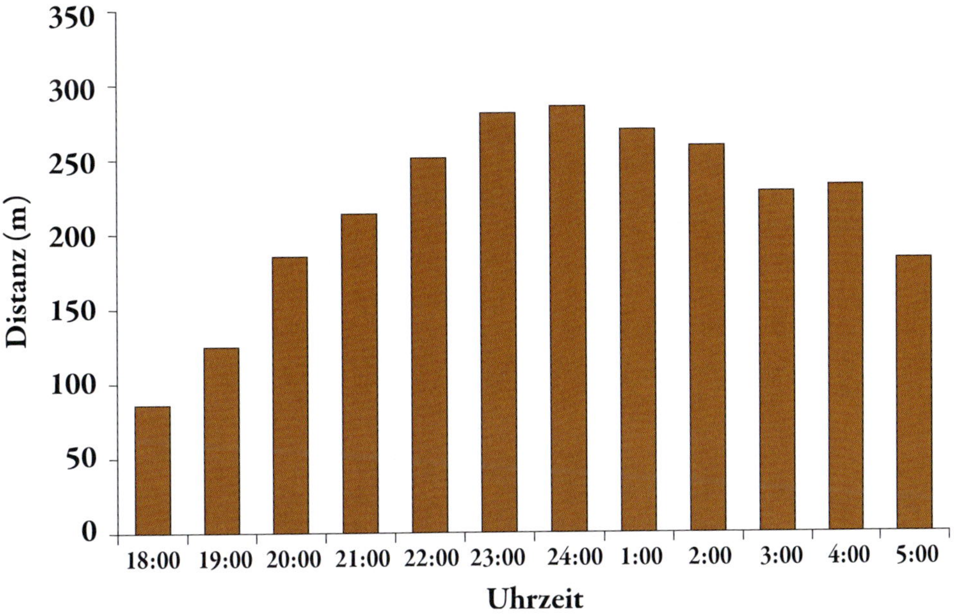

Sauen haben ihr Aktivitätshoch um die Mitternachtsstunden, in dieser Phase legen sie die größten Distanzen zurück (nach PODGORSKI et al. 2013).

PILLE FÜR DIE SAU?

Um eine Wildtierpopulation zu kontrollieren, stehen grundsätzlich zwei Wege zur Verfügung. Entweder kann die Sterblichkeit erhöht oder die Fruchtbarkeit herabgesetzt werden. Die Verringerung der Zahl an Nachkommen kann über verschiedene Wege erfolgen. Dazu stehen unter anderem der Einsatz von Spermiziden (Medikamenten) oder auch eine Kastration bzw. Sterilisation zur Verfügung. Trächtigkeit kann aber auch durch den Einsatz von Hormonen verhindert werden. In der Regel ist dazu eine Impfung des zu sterilisierenden Stückes erforderlich. Auf diese Weise können beide Geschlechter unfruchtbar gemacht werden.

☞ ROTTENSTRUKTUR

ROTTENTYP	ANTEIL (%)
Einzelne Sau	6
Überläuferrotte	29
Einzelne Bache mit Frischlingen	26
Zwei Bachen mit Frischlingen	29
> zwei Bachen mit Frischlingen	10

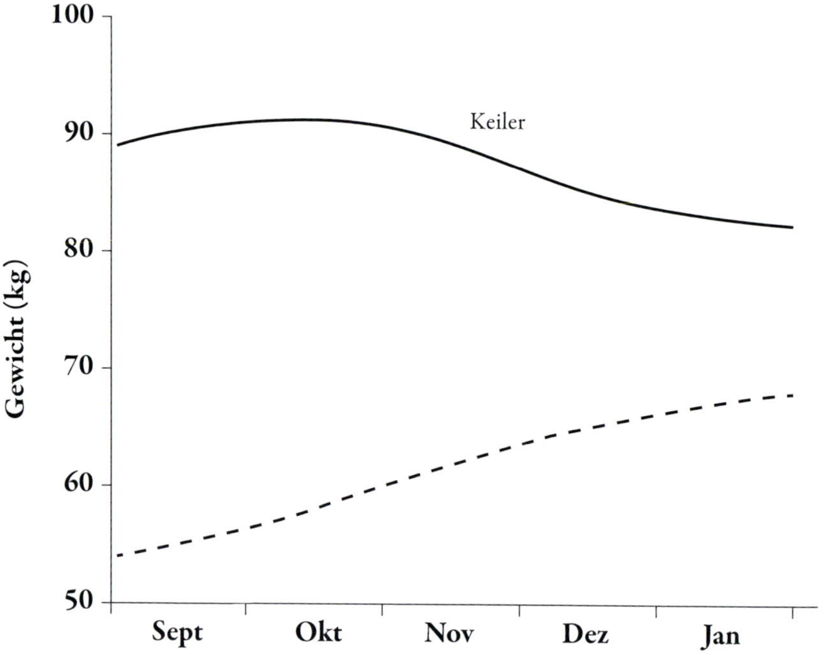

Gewichtsentwicklung von Keilern und männlichen Überläufern im Herbst und Winter (BROGI et al. 2021)

In der Schweinemast werden Jungeber mit einem Medikament unfruchtbar gemacht.

NICHT-HORMONELLE UNFRUCHTBARMACHUNG

Ein weiterer Weg ist die Immuno-Kontrazeption. In Neuseeland und Australien wird in der Schweinemast dazu bereits seit 1998 das Medikament *Improvac* eingesetzt. Es wird dazu verwendet, Jungeber unfruchtbar zu machen. Aufgrund der unterdrückten Fortpflanzungsfähigkeit bleibt der störende Ebergeruch aus, wodurch sie genauso genusstauglich sind. Das Mittel hat den Vorteil, dass es kein Hormon ist, sondern über eine Antigen-Antikörper-Reaktion funktioniert. Das beimpfte Stück bildet dabei Antikörper, die wiederum die Produktion des *Gonadotropin Releasing Hormons* (GnRH) unterbindet, welches zur Bildung von Sexualhormonen benötigt wird. Das Präparat hinterlässt keine Rückstände, und das Fleisch behandelter Tiere kann verzehrt werden. Die Eber müssen dazu jedoch zweimal mit einer Spritze geimpft werden. Auch wenn Weiterentwicklungen es mittlerweile

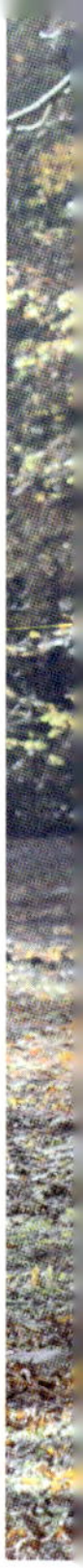

Es gibt Sauen, die Offenbereiche meiden und nahezu ihr gesamtes Leben im Wald verbringen.

möglich machen, dass nur noch einmal geimpft werden muss, stellt sich ein praktikabler Einsatz bei Wildschweinen als problematisch dar. Da das Mittel zudem nicht artspezifisch wirkt, muss vermieden werden, dass es von anderen Wildtieren aufgenommen wird. Um dies zu gewährleisten, wäre der Einsatz von speziellen Automaten denkbar.
Am Leibniz-Institut für Zoo- und Wildtierforschung in Berlin wurde ein solches Gerät bereits entwickelt. Dabei wird die Arterkennung über ein Kamerasystem KI-basiert umgesetzt. Nach der Erkennung der Zielspezies kann dann gezielt der Wirkstoff verabreicht werden.
Fazit: Auch wenn der artspezifische Einsatz möglich wäre, ist jede Form der Fertilitätskontrolle bei Wildschweinen aus ethischer Sicht äußerst kritisch zu bewerten. Es käme einem Offenbarungseid gleich, wenn zur Pille gegriffen werden müsste, da jedes Kilogramm Wildschweinfleisch anstatt Hausschweinfleisches aus Massentierhaltung äußerst wertvoll ist. Der Einsatz ist lediglich unter bestimmten Voraussetzungen in Sonderbereichen (z. B. Stadt) denkbar.

VON WEGEN SAUDUMM!

Nur wer in der Lage ist, die richtigen Strategien zu entwickeln, überlebt in einer sich ständig verändernden Welt. Anpassung und Lernen vollziehen sich dabei auf verschiedenen Ebenen. Alles hat nur eines zum Ziel: möglichst viele neue und gut vorbereitete Generationen in die Welt zu entlassen. Denn Erfolg im evolutiven Sinne, wird in erster Linie an der Zahl gut angepasster Nachkommen bemessen. Für ein Wildschwein bedeutet dies, möglichst schnell zu lernen und sich im Verband zu sozialisieren. Der Lernprozess erfolgt auf unterschiedliche Weise und beginnt beim

Nachwuchs unmittelbar nach der Geburt. Frischlinge prägen sich dabei die Stimme ihrer Mutter ein. Sie sind sogar in der Lage, Familienmitglieder auch nach Jahren an der Stimme zu erkennen (MEYNHARDT 1980). Auch die Prägung auf den Lebensraum erfolgt in einem frühen Lebensabschnitt. Ist dieser festgelegt, suchen sich die Stücke auch nach der Abwanderung vergleichbare Habitate. Das ist der Grund, warum es Waldsauen gibt, die ein Leben lang im Forst nach Fraß suchen und dieses Biotop kaum verlassen.

Die Form des Lernens erfolgt in sogenannten sensiblen Phasen. Ist beispielsweise die Prägung auf den Artgenossen oder Sexualpartner abgeschlossen, bleibt dies ein Leben lang so. Werden Wildschweine in artfremden Sozialverbänden groß, führt dies unweigerlich zu einer falschen Programmierung. Die Tiere übernehmen dann atypische Verhaltensweisen. So wurden Wildschweine beobachtet, die sich Rehen oder Rindern angeschlossen haben. Sie ästen die gleichen Pflanzen wie die Wiederkäuer und ruhten an Stellen, die sie sonst meiden würden.

Bei Tieren bleiben Fehlprägungen in der Regel ein Leben lang bestehen und können auch nicht mehr rückgängig gemacht werden. Bei Menschen helfen dagegen Selbstreflexion und psychologische Hilfe.

Neben individuellem Lernen und Prägung spielt das soziale Lernen im Leben eines Wildschweins eine wichtige Rolle. Allen ge-

Das Erlernen von vorsichtigem Verhalten gehört zu den zentralen Lerneinheiten von Frischlingen.

mein ist, dass sich die Jungen etwas von den Alten abschauen. Die kleinen Frischlinge entwickeln dabei zum Beispiel individuelle Techniken im Zusammenhang mit dem Nahrungserwerb. Eine interessante Form sozialen Lernens ist auch die Stimmungsübertragung. Sie stellt die Synchronisierung des Verhaltens im Verband sicher. Legen sich die dominanten Stücke zur Ruhe, dann tun dies auch die anderen. Gleiches trifft auch fürs Nässen zu. Für die Feindvermeidung ist dieses Verhalten enorm wichtig. Flüchtet eine Rotte vor einem Beutegreifer, überträgt sich dieser Impuls auf den gesamten Verband. Das schließt auch jene Tiere ein, die die Gefahr noch nicht kennen oder erkannt haben.

Das Erlegen eines Rottenmitglieds hat Auswirkungen auf die verbliebenen Stücke der Rotte.

NACHWUCHS AUF VORSICHT PROGRAMMIERT

Vorsicht müssen Jungtiere erst lernen. Mit hoher Wahrscheinlichkeit beginnt dieser Lernprozess bereits vorgeburtlich. Im Tierversuch an anderen Arten wurde bereits gezeigt, welchen Einfluss bestimmte Prozesse auf die Embryonen haben können. Ist das Muttertier beispielsweise hohem Stress ausgesetzt, kann dies nicht nur die fetale Entwicklung beeinträchtigen, sondern auch dauerhafte Spuren bei der neuen Generation hinterlassen. Die Wissenschaft nennt dies epigenetische Vererbung.

Im Unterschied zur genetischen Vererbung, bei der die Sequenz des Erbgutes weitergegeben wird, wird bei der epigenetischen Vererbung nur die Art und Weise der Nutzung des genetischen Codes weitergegeben. Manche Forscher gehen sogar davon aus, dass die genetischen Informationen des Nachwuchses beeinflusst werden, obwohl das Muttertier zum Zeitpunkt des Ereignisses noch gar nicht trächtig war. Grund ist der langfristige Einfluss von Hormonen oder Metaboliten (Zwischenprodukt in einem meist biochemischen Stoffwechselweg). Sie führen dazu, dass die Ableserate von Genen gesteigert oder herabgesetzt wird. Interessant ist, dass diese Information auch von Vätern auf ihren Nachwuchs übertragen werden kann, ohne dass jemals irgendein Kontakt zu ihm bestanden hat. Projiziert man die Ergebnisse mit gebotener Vorsicht auf unsere Wildschweine, könnte beispielsweise der Abschuss eines Stückes aus der Rotte ein derartiges Ereignis darstellen und entsprechende Spuren hinterlassen. Demnach kann der Verlust eines Tieres nicht nur das aktuelle Verhalten beeinflussen, sondern ist gewissermaßen auch epigenetisch speicherbar.

Raumnutzungsstudien belegen, dass besonders alte Bachen ein extrem vorsichtiges Verhalten aufweisen. Sie sind in der Lage, zwischen verschiedenen Störungen zu unterscheiden. Menschen werden dabei nicht grundsätzlich als gefährlich eingestuft. Sauen, die gelernt haben, sich dem jagdlichen Zugriff zu entziehen, werden zum Teil sehr alt. Sie wissen, wann und wie sie sich zu bewegen haben, um ihre Schwarte zu sichern. Dank der genauen Differenzierung von Störquellen, können sich die Stücke relativ frei bewegen und nutzen die sicheren Räume sehr effektiv. In einer Rostocker Untersuchung zeigte sich, dass Bachen, die

VERERBTE ANGST

Klassischerweise werden Informationen durch soziales Lernen von Tier zu Tier weitergegeben. Ein Tier lernt also vom anderen. Dass Wissen jedoch auch vererbt werden kann, ist in der Biologie erst seit relativ kurzer Zeit bekannt. Um zu erforschen, wie Erfahrungen vererbt werden können, wurden u. a. umfangreiche Untersuchungen an Mäusen durchgeführt. In einem Versuch wurde den Tieren zunächst der Duft von Kirschen angeboten, der, wie erwartet, positiv verknüpft war. Durch die zeitgleiche Verabreichung von Stromstößen wurden die Tiere im zweiten Versuchsteil negativ auf den Kirschduft konditioniert. Als Reaktion entwickelten die Mäuse Angst in Zusammenhang mit dem Geruch von Kirschen. Wirklich bemerkenswert war jedoch die Tatsache, dass selbst die Folgegeneration verängstigt auf den Kirschduft reagierte, ohne dass diese jemals eine negative Erfahrung damit gemacht hatten (DIAS und RESSLER 2014). Interessant ist, dass diese Angst auch von Vätern auf ihren Nachwuchs übertragen werden kann, ohne dass jemals irgendein Kontakt zu ihnen bestand. Der Sinn dieses unglaublichen Mechanismus liegt darin, die Nachkommen bestmöglich auf die aktuell vorherrschenden Umweltbedingungen vorzubereiten. Angst ist also vererbbar!

01

mit normaler jagdlicher Praxis nur schwer oder gar nicht zu erlegen waren, im Schnitt 7,2 Jahre alt wurden (ZOLLER 2015). Einige der untersuchten Stücke waren sogar über zehn Jahre alt. Im Rahmen dieses wissenschaftlichen Versuches wurde gezeigt, dass diese Stücke nur durch den Einsatz von Nachtzieltechnik erlegbar waren. Die Erfahrung solcher alten Bachen kommt natürlich auch ihren Frischlingen zugute. Dabei profitieren sie nicht nur direkt von ihren erfahrenen Müttern, indem sie vor Gefahrensituationen bewahrt werden, sie lernen auch für das spätere Leben. Die Unvorsichtigen dagegen werden oft schnell durch den Jäger erlegt. Wir schießen uns unsere Sauen also systematisch intelligent.

SPIEGELTEST BESTANDEN

Der Theorie nach sind in Gruppen lebende Tierarten bei den meisten Versuchen intelligenter als einzelgängerische Arten. Bei Schweinen wurden zum Beispiel diesbezügliche Tests gemacht. Dabei wurde untersucht, ob sie in der Lage sind, einen Spiegel zu nutzen, um damit gewissermaßen um die Ecke schauen zu können. Zunächst wurden die Schweine mit einem Spiegel in Kontakt gebracht, um sie damit vertraut zu machen. In einem weiteren Schritt bot man den Schweinen Futter an, das sich in einem Nebenraum befand und nur über einen Spiegel zu sehen war. Die Schweine suchten zum Erstaunen der Forscher nicht hinter dem Spiegel nach dem Fressbaren. Stattdes-

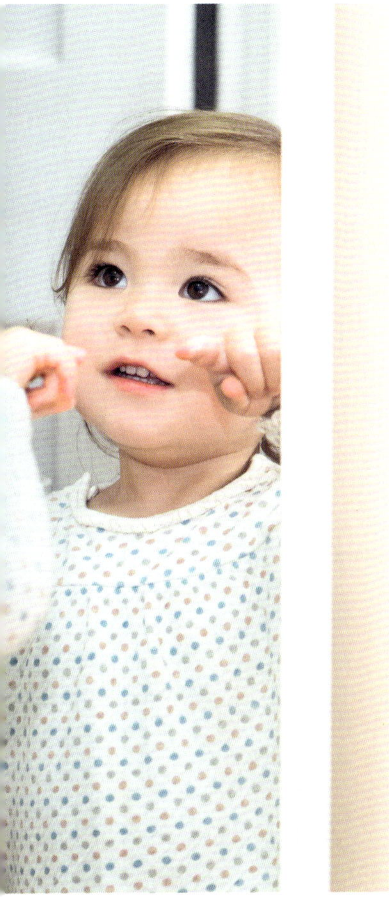

02

01 Die Funktionsweise eines Spiegels ist komplex.

02 Bei Visayas-Pustelschweinen wurde der Gebrauch von Werkzeugen beobachtet.

sen liefen sie zielstrebig in den Nebenraum, um an das Futter zu gelangen. Die Ergebnisse deuten also darauf hin, dass die Tiere in der Lage sind, das Prinzip eines Spiegels zu verstehen. Dazu sind viele andere Arten nicht im Stande. Selbst Kleinkinder brauchen Monate, um die Logik eines Spiegels zu verstehen.

WERKZEUGGEBRAUCH BEI SCHWEINEN

Auch bei Schweinen konnte der Gebrauch von Stöcken als Werkzeug in wissenschaftlichen Untersuchungen nachgewiesen werden. So wurden Visayas-Pustelschweine verschiedentlich dabei beobachtet, wie sie Stöcke und Äste aktiv nutzten, um damit verschiedene Arbeiten zu verrichten. (ROOT-BERNSTEIN et al. 2019). In der Untersuchung wurde festgestellt, dass sie diese zum Graben verwendeten. Mit einer Ruderbewegung beförderten sie Erde, um u. a. einen Kessel zu bauen. Die Ergebnisse dieser wissenschaftlichen Studie deuten darauf hin, dass der Werkzeuggebrauch sozial erlernt wurde. Die Nutzung von Werkzeugen stellt die bemerkenswerte Problemlösungsfähigkeit von Schweinen eindrucksvoll unter Beweis.

WISSEN FÜR JEDE JAHRESZEIT

Das sichere Ansprechen von Wildtieren ist und bleibt eine Frage der weidgerechten Jagdausübung.

Denn das Erlegen von Wildtieren ohne zuvor angesprochen zu haben, würde nicht nur einen Verstoß dagegen bedeuten, es wäre sogar ungesetzlich. Auch wenn im Falle der Afrikanischen Schweinepest zu Recht eine forcierte Sauenbejagung gefordert wird, darf dies keinesfalls dazu führen, die Grundsätze weidgerechten Jagens aufzugeben. Sauen sicher anzusprechen, ist eine schwierige Angelegenheit. Jeder Jäger kennt die Situation, wenn eine Sau anwechselt und dem Schützen eine schnelle und zuverlässige Entscheidung abverlangt wird. Sind die Lichtverhältnisse widrig, wird bereits die Unterscheidung nach Keiler und Bache aufgrund des geringen Geschlechtsdimorphismus (Unterschie-

Trotz Wildschäden und Tierseuchen müssen die Stücke vor dem Schuss sauber angesprochen werden.

de zwischen weiblichen und männlichen Stücken) schwierig. Präzises Ansprechen ist eine Herausforderung, da das menschliche Auge in hohem Maße zur Erkennung von Unterschieden entwickelt worden ist. Das heißt, es bereitet einem ungeübten Auge große Probleme, ein Absolutmaß zu bestimmen, wenn keine Vergleichsgrößen zur Verfügung stehen.

GEWICHT IST NICHT GLEICH ALTER

Es verwundert daher wenig, dass zwischen der Gewichtsschätzung vor der Schussabgabe und dem tatsächlichen Gewicht ein erheblicher Unterschied liegen kann. Doch selbst wenn man mit einiger Übung in der Lage ist, Gewichte von Sauen gut einzuschätzen, lauern weitere Tücken. Denn das reine Körpergewicht sagt relativ wenig über das tatsächliche Alter aus. So ist es möglich, dass ein gut entwickelter Überläufer bereits 90 Kilogramm auf die Waage bringt, während ein reifer Keiler nach der Rausche weniger wiegen kann. Sich überschneidende Merkmale zwischen den einzelnen Altersklassen erschweren das Ansprechen. Die Tatsache, dass Keiler schon mal einen eher weiblichen Habituseindruck hinterlassen können (aber auch umgekehrt), sorgt nicht nur bei Jungjägern für Verwirrung.

HABITUSGEFÜHL DURCH ERFAHRUNG ERARBEITEN

Trotz aller Widrigkeiten sollte sich der Jäger auf die verschiedenen Keilermerkmale (z. B. Keilerstop, Winkel zwischen Nasenbein und Stirn) und deren Aussagewert verstehen. Deshalb sollte jede Gelegenheit genutzt werden, um Schwarzwild zu studieren. Ein Besuch im Zoo oder Gatter gewährt viele Einblicke aus nächster Nähe und unter besten Bedingungen (auch wenn die erwachsenen Stücke etwas überproportioniert sind).

Das Stück ist klar als Keiler anzusprechen. Doch es handelt sich keineswegs um einen alten Bassen.

Versuchen Sie sich die Körperdimensionen der Stücke im direkten Vergleich zu vergegenwärtigen und abzuspeichern. So werden Sie mit der Zeit ein Habitusgefühl entwickeln und in der Lage sein, Sauen sicher anzusprechen. Dies ist wichtig, da der jagdliche Alltag nicht selten Handlungsschnelligkeit erfordert.

ÜBERLÄUFERKEILER

Gesamteindruck: Der Überläufer wirkt in seiner Gesamtgestalt zylindrisch. Eine Schwerpunktverlagerung ist nicht vorhanden. Sie kann sich allenfalls durch in der Winterschwarte bereits vorhandene Federn andeuten. Die Bauchlinie ist gerade. Grundsätzlich ist die Körpermasse als Ansprechmerkmal weniger aussagekräftig, denn die Bandbreite ist groß.

Rückenlinie: Die Rückenlinie ist gerade und gestreckt.

Stop: Fehlt grundsätzlich bei einem Überläufer.

Pürzel: Der Pürzel erreicht das Fersengelenk im Allgemeinen nicht. Eine Quaste ist bei Überläufern nicht oder nur angedeutet vorhanden.

Länge sowie Präsenz der Waffen und die Körperform sprechen für einen mittelalten Keiler.

Kopf: Der Kopf sitzt hoch am Körper. Er ist schlank und wirkt weit rausgezogen.
Gewaff: Waffen sind zwar schon vorhanden, aufgrund ihrer geringen Länge aber kaum sichtbar.
Läufe: Die Stücke wirken ausgesprochen hochläufig. Der Raum zwischen Bauchlinie und den Vorder- und Hinterläufen ist annähernd rechteckig.

Das Gewicht ruht auf den Vorderläufen. Und auch sonst spricht hier viel für einen reifen Keiler.

MITTELALTER KEILER

Gesamteindruck: Der Körper eines mittelalten Keilers weist bereits eine merkliche Schwerpunktverlagerung nach vorn auf. Er unterscheidet sich deutlich von der tonnenförmigen Gestalt eines Überläufers.
Rückenlinie: Die Rückenlinie verläuft bereits leicht gebogen, jedoch deutlich weniger ausgeprägt als bei einem alten Keiler.
Stop: Fehlt bei mittelalten Keilern.
Pürzel: Der Pürzel trägt eine deutlich erkennbare Quaste, die in etwa bis zum Fersengelenk reicht. Hier ist zu beachten, dass es Keiler gibt, die anlagebedingt keine Quaste ausbilden.
Kopf: Der Kopf wirkt deutlich gedrungener als bei einem Überläufer. Durch den jetzt vorhandenen Backenbart sieht er gestauchter (kürzer) aus. Er sitzt allerdings höher am Rumpf als bei einem Hauptschwein.
Gewaff: Das Gewaff ist kein verlässliches Ansprechmerkmal. Bereits mittelalte Keiler können eine beachtliche Gewehrlänge erreichen. Also Vorsicht und nicht täuschen lassen! Eine geringe Hadererkrümmung ist markant für diese Altersgruppe.
Läufe: Dieses Merkmal ist stark gewichtsabhängig und kann auch bei schnellwüchsigen mittelalten Stücken ein höheres Alter vortäuschen. Es kann nur zur Ergänzung des Gesamteindruckes dienen.

ALTE KEILER

Gesamteindruck: Masse und Schwerpunkt sind stark nach vorn verlagert. Der Körper wirkt sehr gedrungen. Der Schädel ist wuchtig, die Bauchlinie ist hängebauchartig.
Rückenlinie: Die Rückenlinie alter Keiler zieht vom Kopf zum Widerrist nach oben, um dann nach hinten wieder abzufallen. Es ergibt sich der Eindruck eines Karpfenrückens. Achten Sie auf die abfallende Rückenlinie hinter der Kruppe.
Stop: Im Alter entwickelt sich bei Keilern ein sogenannter Stop. Ist dieser vorhanden, kann von einem älteren Stück ausgegangen

werden. Aber Obacht! Es gibt Keiler, die weniger zur Ausbildung eines Stops neigen. Ist er nicht vorhanden, kann also trotzdem ein alter Keiler vor Ihnen stehen.

Pürzel: Der Pürzel reicht deutlich über die Ferse hinaus. Das Vorhandensein eines langen Pürzels mit ausgeprägter Quaste ist ein sicheres Zeichen für einen alten Keiler. Doch auch hier ist Vorsicht geboten. Nicht alle Keiler haben eine solche Quaste.

Kopf: Ein kurzer und stumpf wirkender Kopf ist ein sicheres Zeichen für einen alten Keiler. Er wirkt gedrungen und verfügt über einen Backenbart, der eine Dreiecksform entstehen lässt. Dieses Merkmal bleibt auch erhalten, wenn der Keiler nach der Rausche einiges an Gewicht verloren hat. Es ist auch auf die Position des Kopfes zu beachten. Bei alten Keilern sitzt er tiefer am Rumpf.

Gewaff: Schnurrbartartige Haderer verraten den alten Keiler. Leider sind sie aus der Entfernung oft nicht zu erkennen. Berücksichtigen Sie, dass alte Keiler abgebrochene Waffen haben können.

Läufe: Alte Keiler stehen auf kurzen Läufen (Hämmern). Durch den massigen Körper wirken sie insbesondere in der Winterschwarte fast stummelfüßig. Nach der Rausche ist dieses Merkmal aufgrund des geringen Gewichtes weniger ausgeprägt.

Verhalten: Neben den körperlichen Merkmalen können uns auch soziale Aspekte Hinweise liefern, um was für ein Stück es sich handelt. Trifft man eine Rotte zur Rauschzeit an und ist ein starkes Stück dabei, das die Rotte dominiert, kann davon ausgegangen werden, dass es sich um einen Keiler handelt. Oft ziehen sie mit etwas Abstand hinter der Rotte her. Im Gebräch stehend halten sie sich gern am Rand der Truppe auf. Zieht in einer Rotte außerhalb der Rausche ein körperlich starkes Stück, ist dies oft ein mittelalter Keiler. Alte Bassen sind nur zur Rausche bei der Rotte. Dies kann schon ab Ende Oktober der Fall sein.

INFO

Bei den auf Drückjagd einzeln kommenden Stücken handelt es sich in den seltensten Fällen um den erhofften alten Keiler. Deshalb genau hinschauen, was bei der Tagesjagd leichter fällt! Wenn man sich nicht darüber im Klaren ist, um was es sich handelt, ist es meist eine Bache.

INS GEBRECH GESCHAUT

Wenn es um die Altersbestimmung am erlegten Stück geht, führt kein Weg am Blick auf den Unterkiefer vorbei. Doch es gibt auch wissenschaftliche Alternativen. Die Altersansprache von Keilern erweist sich in der freien Natur als außerordentlich schwierig. Selbst am erlegten Stück erlebt man nicht selten lebhafte Diskussionen über das Alter eines Stückes. Vorschnell wird da so manch ein mittelaltes Stück postmortal zu einem reifen Erntekeiler. Dabei kann der Jäger dem erlegten Stück mit vertretbarem Aufwand sein tatsächliches Alter entlocken.

ALTERSBESTIMMUNG AUF EINEN BLICK

Während jüngere Stücke noch anhand des Schneidezahnwechsels relativ unkompliziert einem Alter zugeordnet werden können, bereiten die über 24 Monate alten Stücke schon etwas mehr Schwierigkeiten. Wer sich anhand der Abrasur (Abschliff) nähern möchte, der achte insbesondere auf die Molaren, also die drei letzten Backenzähne.

Als grobe Näherung für eine Alterseinschätzung sei folgende Faustformel aufgestellt:

1. Flächige Abnutzung des M1 = 3–4 Jahre
2. Flächige Abnutzung des M2 = 5–6 Jahre
3. Flächige Abnutzung des M3 = 7+ Jahre

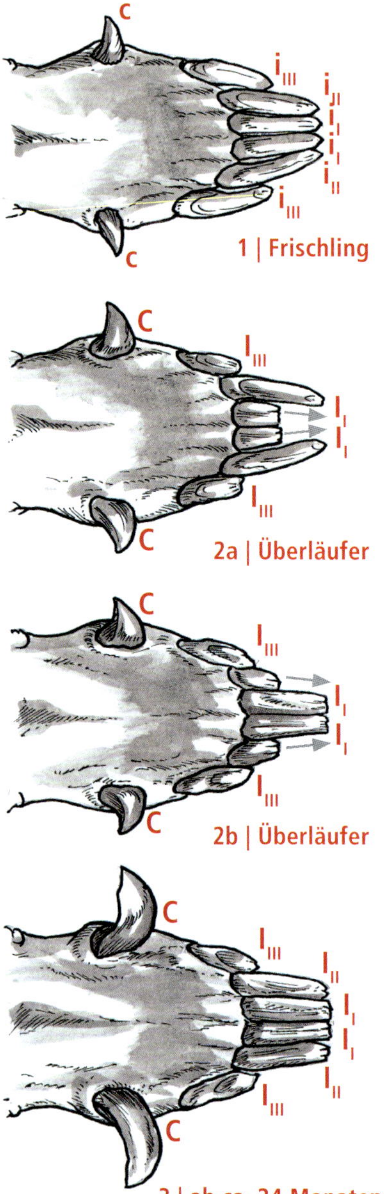

Abb. 1: Milchgebiss Frischling bis ca. 11 Monate mit nur stiftartigen Eckzähnen – Abb. 2a + 2b: Überläufer ab 13 Monaten mit dauerhaften Eck- und äußeren Schneidezähnen, während des Wechsels der inneren (2a) und dann mittleren Schneidezähne (2b) sind diese vier auffallend ungleich lang – Abb. 3: Ab ca. 24 Monaten stehen die vier mittleren Schneidezähne auf gleicher Höhe.

ZAHNZEMENTZONEN

Wer es ganz genau wissen will, kann den Unterkiefer auch wissenschaftlich untersuchen lassen. Bei dieser Untersuchung wird das Alter anhand des Zahnzements bestimmt. Grundlage der Methode ist die Tatsache, dass der Zahnzement ständig wächst. Dies geschieht jahreszeitlich bedingt unterschiedlich schnell. Durch die unterschiedlichen Wachstumsgeschwindigkeiten ergeben sich voneinander abgrenzbare Zahnzementzonen, die mit den Jahresringen eines Baumes vergleichbar sind. Diese werden ausgezählt und so das Alter bestimmt. Um das Verfahren durchzuführen, wird mit einer Niedertourensäge eine kleine Scheibe aus der Zahnwurzel geschnitten. Bei Huftieren wird dabei meist der M1 verwendet. Bei Hundeartigen nutzt man die Eckzähne. Die sehr dünne Wurzelscheibe wird dann (im Durchlicht) unter dem Mikroskop auf das Vorhandensein von Zahnzementlinien hin überprüft.

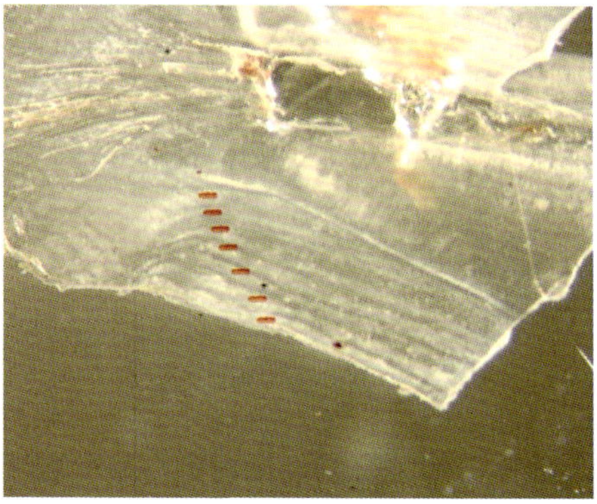

Sieben Zahnzementzonen = Das Stück war acht Jahre alt.

NOMOGRAMM

Eine wirklich verlässliche Aussage zum Alter des erlegten Keilers kann jeder Jäger mit wenigen Handgriffen anhand des Unterkiefers selber vornehmen. Einzige Voraussetzung ist eine Schieblehre. Messen Sie zunächst die Höhe des M2 an seiner höchsten Stelle. Setzen sie den Messschieber so an, dass als untere Begrenzung der Zahnfleischansatz dient. Dieser setzt sich auch nach dem Abkochen noch deutlich ab. Der zweite zu ermittelnde Wert ist die Unterkieferbreite. Messen sie diese auf der Höhe der Waffen. Haben sie beide Werte ermittelt, müssen sie das Alter nur noch aus dem Nomogramm ablesen. Anhand von altersbekannten Tieren wurde diese Methode überprüft und für präzise eingeschätzt. Nach CH. STUBBE und LOCKOW (1994) weichen mit dieser Methode 98 % aller klassifizierten Keiler nicht mehr als +/- ein Jahr vom tatsächlichen Alter ab.

Leider sind die Schwankungen im Abschliff aufgrund von verschiedenen Faktoren individuell verschieden. Dabei spielt u. a. der Härtegrad des Dentins und auch die aufgenommene Nahrung eine Rolle. So fanden CH. STUBBE & LOCKOW (1994) bei ihren umfassenden biometrischen Untersuchungen heraus, dass es einige Stücke gibt, die erst zwei Jahre alt waren und bereits eine flächige Abnutzung des M1 aufwiesen. Auch die Waffen sind nur eingeschränkt aussagekräftig. So ist die frühere Annahme, dass es in einem Lebensjahr zu einem Abschliff von einem Zentimeter an der Schleiffläche der Gewehre kommen würde, längst widerlegt. Untersuchungen an markierten und damit altersbekannten Tieren verdeutlichen, dass mithilfe des sogenannten Biegerschen Verfahrens nur etwa 20 % aller Keiler auf das richtige Alter geschätzt werden können (WITTEMANN 2004). Auch die Brandt'sche Formel, bei der anhand des Quotienten aus der Breite des Gewehrs an der Wurzel zu der an der Schleifflächen ein Alter errechnet wird, ist ebenfalls keine zuverlässige Methode. Studien dokumentieren, dass bereits mittelalte Keiler einen Quotienten von eins aufweisen können und damit ein deutlich höheres Alter vorgaukeln.

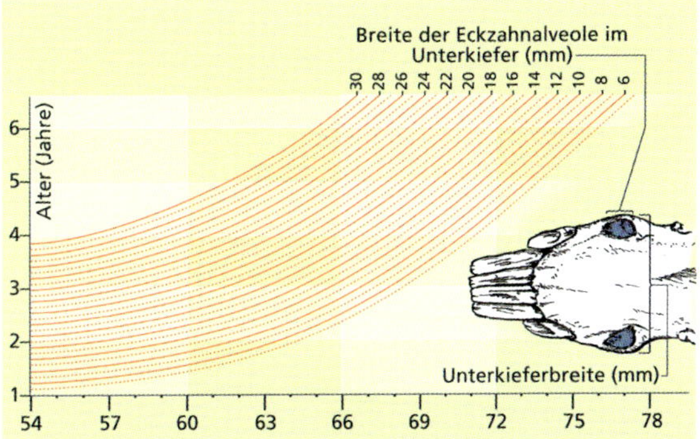

Unterkieferbreite und Eckzahnalveole (Austrittsöffnung des Gewehrs) werden gemessen.
Von der ermittelten Unterkieferbreite auf der X-Achse des Nomogramms wird senkrecht nach oben bis zur Kurve der gemessenen Alveolenbreite gefahren.
Die Waagerechte von dort zur Y-Achse ergibt das Alter des Keilers.

Mittels eines Nomogramms lässt sich das Alter eines Keilers genau bestimmen.

BESTIMMUNG DES BIOLOGISCHEN ALTERS

Eine sehr innovative Möglichkeit der Altersbestimmung besteht in der Analyse der DNA. Denn mithilfe der sogenannten Horvath-Uhr kann das biologische Alters eines Stückes bestimmt werden. Sie basiert auf der Analyse von DNA-Methylierungsmustern, die sich im Laufe des Lebens verändern. Diese Veränderungen sind mit verschiedenen biologischen Prozessen und dem Alterungsprozess selbst verbunden. Das biologische Alter kann von der eigentlichen (chronologischen) Lebenszeit abweichen und gibt Aufschluss darüber, wie schnell oder langsam der Körper altert. Die von Steve Horvath entwickelte Uhr wird in der Forschung verwendet, um die Auswirkungen von Lebensstil und Umweltfaktoren auf den Alterungsprozess zu untersuchen.

AN DER FÄHRTE ERKENNEN

Früher gehörte die Fährtenkunde zum Rüstzeug jedes Jägers. So musste er zuverlässig in der Lage sein, neben der Artzuordnung auch Geschlecht und Alter eines Stückes am Fährtenbild zu erkennen. Heute ist das ganz anders. Denn längst hat die digitale Überwachung in unsere Reviere Einzug gehalten. Der moderne Jäger bedient sich nicht mehr ausschließlich seiner Sinne. Dies hinterlässt sogar Spuren im Hirn, denn die digitale Technik nimmt ihm die Arbeit ab. Er hat gewissermaßen gelernt, sich auf die technischen Hilfsmittel zu verlassen. Seit einiger Zeit gibt es sogar einen Begriff für dieses Phänomen: digitale Demenz. Doch auch wenn Handy und Wildkamera wichtige Jagdhelfer der Neuzeit geworden sind, stoßen sie an ihre Grenzen. Denn es ist schier unmöglich, sein ganzes Revier mit Wildkameras zu überwachen. Wer Fährten lesen kann oder diese richtig deutet, ist daher seinen Mitjägern weit voraus. Schließlich hinterlässt auch der heimlichste Basse irgendwo im Revier seine „Spuren".

Was viele heute nicht mehr wissen: Das Fährtenbild gibt detaillierte Auskunft über den Verursacher.

SAUFÄHRTEN UND IHRE GEHEIMNISSE

Bei den Schalen handelt es sich um Hautanhänge, die im Wesentlichen aus Keratin bestehen. Das ist derselbe Stoff (wasserunlösliche Faserproteine) aus dem Hörner oder Fingernägel bestehen. Die zu den Schalen gehörigen Fingergliedmaßen stellen die Finger zwei und drei dar, entsprechen also dem Mittel- und dem Ringfinger. Das Geäfter entspricht den Fingern eins und vier (Zeige- und kleiner Finger). Der Daumen ist stark reduziert und nicht sichtbar. Was die Größe von Saufährten betrifft, ergeben sich allein aufgrund der enormen Gewichtsdifferenzen erhebliche Größenunterschiede. Um eine grobe Näherung an das Gewicht des Stückes herbeizuführen, maß man früher die Fährtenbreite und übertrug diese Zahl – in Millimeter gemessen – aufs Lebendgewicht. 45 Millimeter entsprachen demnach 45 Kilogramm Wildbretgewicht. Für eine grobe Zuordnung bei jüngeren Stücken noch geeignet, scheitert diese Methode mit zunehmendem Alter der Stücke. Das liegt daran, dass das Skelett eines Wildschweins im Altervon etwa drei Jahren nahezu ausgewachsen ist. Das Gewicht der Sauen macht zu diesem Zeitpunkt jedoch nur etwa 65 Prozent der maximalen Körpermasse aus. Das bedeutet, dass ältere Stücke mit dieser Methode deutlich im Gewicht unterschätzt werden. Hinzu kommt, dass Schwarzwild bezüglich der Schalengröße eine erhebliche individuelle Varianz aufweist. Daher lässt diese Methode lediglich eine grobe Einschätzung zu.

In der Praxis ist es übrigens kaum möglich, anhand der Fährte das Geschlecht zu bestimmen. Sehr große Einzelfährten, die schnell einem Keiler zugeordnet werden, können auch von einer Bache stammen.

Um die Größe eines Stückes zu bestimmen, sollte auf die Schrittlänge geschaut werden. Die von mittleren Frischlingen beträgt etwa 25 bis 28 Zentimeter. Die eines jungen Kei-

Die Schrittlänge eines reifen Hirsches beträgt bis zu 75 Zentimeter.

lers bringt es auf 40 Zentimeter. Richtig starke Bassen hinterlassen Trittsiegel, die 48 Zentimeter oder mehr auseinanderliegen. Zum Vergleich: Die Schrittlänge eines reifen Hirsches beträgt 60 bis 75 Zentimeter! Vorsicht: Die Schalenlänge entspricht mit acht bis neun Zentimetern der eines starken Keilers. Im Gegensatz zum Schwarzwild erreicht das Geäfter des Rotwildes jedoch nur auf sehr weichem Untergrund oder während der Flucht den Boden. Außerdem steht es punktförmig hinter den Schalenabdrücken, wohingegen es beim Schwarzwild kommaförmig deutlich über die Schalenbreite hinausragt. Um weitere Informationen zum Alter des betreffenden Stückes zu sammeln, sollten Jäger neben der Schalengröße vor allem auf die Schalenränder achten. Sind diese abgerundet, spricht das für ein älteres bzw. altes Stück. Dasselbe gilt für das Geäfter. Hintergrund ist, dass hornartige Strukturen mit der Zeit immer

Bei jüngeren Sauen kann das Gewicht aufgrund der Fährtengröße grob geschätzt werden.

Insbesondere tauender Schnee lässt die Fährten häufig deutlich größer aussehen.

☞ SCHALENGRÖSSEN BEI WILDSCHWEINEN IM VERGLEICH

	LÄNGE (CM)	BREITE (CM)
Frischlinge	2,0–5,0	2,0–3,5
Überläufer	5,0–6,5	3,5–5,0
Mittelalter Keiler (2–4)	6,5–7,5	5,0–6,5
Grober Keiler (5–7)	7,5–8,5	5,0–8,0
Hauptschwein (ab 8)	> 9	> 8

stärker abgeschliffen werden. Bei gleicher Größe sind Fährten mit runden Schalenspitzen für den Jäger daher die interessanteren. Diese Besonderheit ist nicht nur beim Schwarzwild, sondern auch bei Rot-, Dam- und Rehwild zu beobachten. Es lohnt sich daher immer, etwas genauer die Schalenränder bzw. deren Form zu betrachten.

VORDERLÄUFE TRAGEN DIE HAUPTLAST

Wer genau hinsieht, wird auch erkennen, dass die Schalen unterschiedlich groß sind. So ist bei jungen Stücken die äußere Schale immer etwas größer als die innere. Bei älteren verliert sich dieser Effekt. Zu beachten ist grundsätzlich, dass bei einem ziehenden Stück Schwarzwild die Schalen der Vorder- und Hinterläufe ineinander gesetzt werden, sodass die Fährte größer ausfällt, als sie tatsächlich ist. Schnee oder matschiger Untergrund verstärken diesen Effekt. Besonders tückisch ist Tauwetter, bei dem die Trittsiegel schnell auseinanderlaufen und dadurch ausufern. Eine Überläuferfährte wird dann gern für die eines reifen Bassen gehalten. Die Schalen der Vorderläufe sind immer größer als die der Hinterläufe, denn sie tragen die Hauptlast des Wildkörpers. Der Praxiswert des Fährtenlesens zeigt sich neben der richtigen Zuordnung von Fährten besonders in der Bestätigung des im Revier anwesenden Wildes. So bietet das Kreisen bei Neuschnee spannende Jagdmomente. Bei entsprechender Reviergröße und geeigneten Tageseinständen (Dickungen, Naturverjüngungen, Brombeer- oder Farnfelder) kann es sich zudem lohnen, morgens behutsam frische Schwarzwildfährten auszugehen. Diese Form der Pirschjagd ist an Spannung kaum zu überbieten. Neben jagdlichen Aspekten ist auch die Einschätzung der Bestandshöhe über das Abfährten möglich. So zählt das Abspüren bei Schneelage zu den einfachsten Möglichkeiten, den vorhandenen Wildbestand einzuschätzen.

Ein vertraut ziehendes Stück Schwarzwild setzt die Schalen der Hinter- sowie Vorderläufe in der Bewegung ineinander.

PRAXISWISSEN JAGD

— *Beute machen mit Verstand*

Frank Rakow

AUSRÜSTUNG

Jagd ist Handwerk. Und wer ein Handwerk gekonnt ausführen will, benötigt eine Ausrüstung, die ihm das ermöglicht.

Doppelbüchsen waren früher auf Drückjagden häufig zu sehen. Heute dominieren Geradezugrepetierer.

Mit einem stumpfen Messer lässt sich schlecht aufbrechen, und durch ein trübes Glas lässt sich nicht vernünftig ansprechen. Deshalb werden diese Komponenten zunächst erörtert, bevor es in die Darstellung der jagdlichen Praxis geht. Ob Einzel- oder Drückjagd, die Jagd auf Schwarzwild unterscheidet sich in einigen Punkten von der auf anderes Schalenwild. Deshalb ist es für den Sauenjäger nicht nur wichtig, richtig ausgestattet zu sein, er muss mit seinen Gerätschaften auch wirklich vertraut sein, denn viele Handgriffe werden in der Dunkelheit ausgeführt. Jeder Jäger weiß, im entscheidenden Augenblick geht es immer ganz schnell, und wenn dann nicht alles reibungslos zusammenpasst, zieht man den Kürzeren.

DIE WAFFE

Fangen wir beim Wichtigsten an: dem Gewehr. Die meisten Sauenjäger bevorzugen Repetierer. Eindeutige Handhabung und hohe Feuerkraft aus immer demselben Lauf sind klare Vorteile. Kirrungsspezialisten benutzen auch gern eine Kipplaufbüchse, Bockbüchsflinte oder Drilling, da Laden und Entladen leise geht, und an der Kirrung nach einem Schuss die Bühne ohnehin leer ist. Bei Pirsch oder Drückjagd hingegen spielt der Repetierer seine Stärken aus. Früher waren hier häufiger noch Doppelbüchsen anzutreffen, doch ihr Anteil ist unterdessen verschwindend gering.

STECHER UND SICHERUNG

Wichtigstes Utensil jedes Gewehres ist die Sicherung. Reine Abzugssicherungen beherbergen ein großes Risiko. Die Sicherung sollte den Schlagbolzen blockieren und möglichst leise und unkompliziert zu bedienen sein. Immer mehr durchgesetzt haben sich Handspanner-Systeme, bei denen die Waffe direkt vor dem Schuss überhaupt erst „scharf gemacht" wird. Allerdings ist dafür ein wenig mehr Kraftaufwand nötig. Nicht immer einfach mit klammen Fingern. Und: Nie vergessen, das gespannte Schloss wieder zu entspannen! Beim Abzug scheiden sich die Geister. Der eine möchte ihn trocken und fein haben, der andere braucht klaren Widerstand. Es ist bemerkenswert, wie häufig heute noch bei Neubestellungen von jungen Jägern ein Stecher verlangt wird. Durch den Doppelzüngel- oder Rückstecher lässt sich der Abzugswiderstand deutlich verringern. Der Rückstecher ist vor allem bei kombinierten Waffen verbreitet, da die Schlosse von Haus aus einen hohen Widerstand aufweisen. Doppelzüngelstecher finden sich vor allem in Repetierbüchsen mit dem 98er-System. Zu fein eingestellt bilden sie ein hohes Risiko, da häufig eine vorsichtige Berührung reicht, um den Schuss auszulösen. An der Kirrung kann das Einstechen vor dem Schuss unter Umständen bereits für eine leere Bühne sorgen. Letztlich ist die Bedienung auch immer ein Handgriff mehr, bevor der Jäger ins Ziel geht. Es gibt eine Menge Abzugssysteme (z. B. Flinten-, Druckpunkt-Direktabzug usw.), die ohne Stecher auskommen. Wichtig: Wenn der Schuss nicht fällt, hinterher das Entstechen nicht vergessen. Besonders heikel ist das Schießen mit Benutzung des Stechers bei der Drückjagd auf flüchtiges Wild. Das kann ganz schnell mal ins Auge gehen. Einem einfach zu bedienenden Abzug ist auf jeden Fall da der Vorzug zu geben – von der Handhabung wie von der Sicherheit.

Geradezugrepetierer lassen sich blitzschnell nachladen.

GERADEZUGREPETIERER

Bei der Konstruktion bieten die unterdessen weit verbreiteten Geradezugmodelle einige Vorteile. Nur zwei Handbewegungen sind nötig, um den Verschlusshebel zurück- und wieder nach vorn zu bewegen. Das bringt einen erheblichen Zeitvorteil, um sofort wieder schussfertig zu sein. Ein Pluspunkt, der besonders auf Drückjagden geschätzt wird. Außerdem belässt beim Repetiervorgang die horizontale Bewegung das Gewehr in der Anschlagposition.

HINTEN ANFANGEN

Bei den vielen Sauen wird es auf Drückjagden gern gesehen, wenn ein Schütze beim Anwechseln einer Rotte nicht „nur" ein Stück erbeutet. Schießvermögen vorausgesetzt, kann eine Taktik dabei hilfreich sein. Betrachten wir den „Klassiker": Bache vorweg und Frischlinge in einer Reihe dahinter. Wer gleich den ersten Frischling hinter dem Führungsstück beschießt, wird die Reihung auflösen, weil der Rest in alle Richtungen auseinanderspritzt. Wer jedoch eher den letzten oder vorletzten Frischling zunächst aufs Korn nimmt, wenn es das Schussfeld hergibt, hat wesentlich größere Chancen, dass die Rotte davor nicht so stark auseinanderfällt, sodass eventuell noch ein zweites oder drittes Stück beschossen werden kann.

Der Schütze bleibt im Zielbereich, kann die Schusswirkung erkennen und eventuell bei einer Rotte oder einem Rudel eine zweite Chance nutzen. Voraussetzung ist, dass der Schütze bei diesem Vorgang die Waffe nicht absetzt, sondern in der Schulter lässt. Wenn der Lauf mit einem Schalldämpfer bestückt ist, vermindert sich die Ausschlagbewegung des Laufes, was ebenfalls zu einem kontrollierteren Ablauf und mehr Übersicht sorgt.

Noch ein Wort zum Waffengewicht: Es wird auch heute noch als besondere Kunst des Waffenbaus gefeiert, ein möglichst leichtes Gewehr zu bauen. Gern werden solche Leichtgewichte auch als Damen-Ausführung annonciert. Für bestimmte Zwecke, wie die Hochgebirgsjagd, kann das eine Berechtigung haben. Wer leistungsstarke Kaliber bevorzugt, sollte aber ein dazu passendes Gewicht wählen. Starke (Magnum)Kaliber

Will der Jägere mehrere Stücke aus einer Rotte erlegen, sollte er möglichst beim letzten Stück anfangen.

in einer leichten Waffe keilen meist kräftig aus und führen schnell zu Mucken und Verkrampfen vor dem Schuss. Ein Einsatzgewicht von 3,5 bis 4 kg sollte die Büchse schon haben, um damit ruhig und ausbalanciert zu jagen. Auch das Mitschwingen auf flüchtiges Wild gelingt mit einer etwas schwereren Büchse deutlich besser. Selbst bei Biathleten beträgt aus gutem Grund trotz Kleinkaliber die Untergrenze beim Waffengewicht 3,5 kg.

KALIBER

Nicht wenige machen aus der Kaliberfrage ein Glaubensbekenntnis. Fakt ist, dass von allem Schalenwild Sauen unter den ungünstigsten Bedingungen beschossen werden. Als Schemen, Schatten oder Scherenschnitt im Absehen und möglicherweise teilweise durch Vegetation verdeckt, wird ihnen häufig die Kugel angetragen. Ob sie dabei wirklich breit stehen oder doch leicht schräg, entzieht sich häufig der Kenntnis des Schützen, mit dem Ergebnis, dass der Schusskanal mitunter anders als beabsichtigt im Wildkörper verläuft. Hinzu kommt, dass Schwarzwild zu den schussharten Wildarten zählt. Längst nicht jeder saubere Kammertreffer bannt die Wutz an den Platz. Fluchtstrecken bis zu 100 Meter sind nicht ungewöhnlich. Häufig führen sie in dichte Vegetation, sodass gut erkennbare Pirschzeichen notwendig sind, um Fluchtrichtung und Anschuss zu finden. Bei vergleichbaren Treffersitzen produziert ein größeres Kaliber in der Regel auch größere Schusslöcher, die nicht so leicht zusetzen. Weiterhin sorgen sie mit höherer Wahrscheinlichkeit für einen Ausschuss. Das erleichtert die Nachsuche. Einen schlechten Treffer kompensiert indes auch die dickste Pille nicht. Zu diesen zählen bei Sauen solche in die Leber oder in den Magen, ganz zu schweigen von Keulen-, Lauf- oder gar Gebrechschüssen. Treffer, wie sie bei Bewegungsjagden fast an der Tagesordnung sind. Daher macht man nichts

Über das richtige Kaliber und Geschoss wird in Jägerkreisen teils hitzig diskutiert.

falsch, bei dieser Jagdart ein größeres Kaliber als gesetzlich vorgeschrieben zu verwenden. Also nicht 6,5 mm sondern von 7 mm aufwärts. Bestens bewährt haben sich dabei die Oldies 8 x 57 IS mit und ohne Rand, die 9,3 x 62 und ihr Pendant 9,3 x 74 R, natürlich auch .308 Win., .30-06, .300 Win. Mag. sowie die potente .30 R Blaser.
An der Kirrung bewirkt jedoch der gute Treffer aus der 7 x 57 R mehr als der schlechtere aus der 9,3. Und noch etwas:
In aller Regel machen Frischlinge über 10 kg den Löwenanteil der Sauenstrecke, sodass sich das Erlegungsgewicht aller Sauen aufgebrochen im Schnitt zwischen 25 kg und 35 kg bewegt. Dafür braucht es wahrlich kein „Elefantenkaliber“, und der Basse mit über 100 kg ist nun mal selten. Schwarzwildforscher aus der DDR haben herausgefunden, dass bei 1.000 erlegten Sauen im Schnitt ein Medaillenkeiler anfällt.

MUNITION

Welcher Jäger kennt sie nicht, die endlosen Abendgespräche in der Jägerrunde über die ideale Patrone? In den vergangenen Jahren nahm dieses Thema noch mal neue Fahrt auf durch die Diskussion um Blei in den Geschossen. Um es vorweg gleich klarzumachen: Die ideale Patrone, die immer eine optimale Wirkung bringt, gibt es nicht. Selbst zwei Läufe im identischen Kaliber liefern mit derselben Laborierung häufig ganz unterschiedliche Ergebnisse. Deshalb sollte jeder Jäger mit der Munition für seine Waffe zunächst testen, ob ausreichend Präzision auf die Scheibe gegeben ist. Die von den Herstellern mitgelieferten Angaben nützen nur wenig, entscheidend ist, ob es aus dem eigenen Lauf funktioniert. Streukreise bis zu 5 cm auf 100 Meter reichen für die Jagd vollkommen aus. Ist man zufrieden, muss die Jagdpraxis zeigen, ob eine zuverlässige Tötungswirkung eintritt. Nicht verrückt machen lassen, falls mal ein Frischling oder Überläufer eine etwas weitere Todesflucht hinlegt. Wenn das Wild überwiegend am Anschuss oder nach kurzer Todesflucht verendet, passt alles. Einige Spezialisten wandern sofort nach einer unbefriedigenden Schusswirkung zur nächsten Laborierung. Das führt meist zu einer ständigen Fummelei und Verstellerei und letztlich damit zur Verunsicherung des Schützen.

BLEIFREIE MUNITION

Über die Umstellung auf bleifreie Büchsenmunition haben zahlreiche Vertreter in der Jägerschaft mächtig geschimpft, und viele tun es heute noch. Zu Recht: Denn das Ganze ist mehr Politikum als Notwendigkeit. In vielen (Staats)Revieren ist heute jedoch die Benutzung von bleifreier Munition vorgeschrieben. Viele Jäger hatten beim Wechsel zu bleifrei zwar keine großen Präzisionsprobleme, dafür versagte aber häufig die Wirkung der Geschosse auf Wild. Trotz guter Treffer verendete das Wild nicht oder nur qualvoll nach langen Fluchtstrecken. Die Schweißhundführer können ein Lied davon singen. Das lag an den Schwierigkeiten, die die Munitionshersteller mit diesen neuen Anforderungen hatten. Unterdessen haben sich die Laborierungen aber verbessert, und das Angebot ist deutlich größer geworden, sodass eigentlich für jede Waffe eine Lösung zu finden sein sollte. Es sei daran erinnert, auch bei der Einführung der modernen Büchsengeschosse vor gut

Wie eine Patrone wirkt, muss aus jeder Waffe individuell getestet werden.

Bei Markteinführung bleifreier Büchsenmunition kam es teils zu langen Nachsuchen, weil die Geschosse noch nicht gut wirkten.

100 Jahren hat es ebenfalls eine ganze Zeit gedauert, bis eine zuverlässige Wirkung erreicht wurde. Die Palette an Geschossformen und -konstruktionen ist schier unendlich. Spitz oder breit, mit Plastikspitze oder ohne, gebonded oder nicht usw. Doch worauf kommt es an? Mehr Augenblickswirkung, mehr Durchschlagskraft, wildbretschonend? Das muss jeder Sauenjäger selbst entscheiden und im Zusammenspiel mit seiner Waffe in der Praxis herausfinden. Ein Austausch mit Jagdfreunden, die schon Erfahrungen mit einer bestimmten Munition gemacht haben, helfen nur bedingt, da sich die Erkenntnisse nicht 1 : 1 übertragen lassen. Bei neuer Munition darf bloß nicht schon nach ein oder zwei Abschüssen ein Urteil gefällt werden. Wer über eine Reihe von Abschüssen eine gute Erfahrung mit seiner Kombination aus Waffe und Munition gemacht hat, sollte sogleich einen großen Munitionsvorrat dieser Charge bunkern. Wichtig: mit derselben Chargennummer, denn selbst da kann es erhebliche Unterschiede geben.

DIAVARI
Die wenigsten werden es noch haben nach Einführung des roten Punktes sowie von Wärme- und Nachtsicht: das Diavari-Absehen 1 von Zeiss. Die Tücke dieses Objektes, die Balken des Absehens laufen vom Rand zur Mitte konisch zu und die Stachelspitze befindet sich auf der Mitte der Querbalken. Die besten Voraussetzungen für einen Tiefschuss!

Lichtstarke Ferngläser werden heute bei vielen Jägern durch Wärmebildgeräte abgelöst.

OPTIK

Bevor der Jäger zur Waffe greifen kann, muss er sich im Klaren sein, worauf er schießt. Bei der Einzeljagd, also Ansitz oder Pirsch, gehörte auf Sauen bisher ein lichtstarkes Doppelglas und ein ebenso qualitativ hochwertiges Zielfernrohr zur Standardausrüstung. Daran hat sich in den vergangenen Jahren durch den Siegeszug der Wärmebild- und Nachtsichttechnik erheblich was geändert. Auf diesen speziellen Bereich wird später noch eingegangen. Zunächst die Beleuchtung der traditionellen Optik, die nach wie vor von vielen Saujägern eingesetzt wird.

Einzeljagd auf Sauen bewegt sich vorwiegend im Grenzbereich des Lichtes bzw. unter der sogenannten Sauensonne, dem Licht des Mondes. Dementsprechend lichtstark muss auch die Optik des Jägers sein, und zwar Fernglas ebenso wie Zielfernrohr. Es nützt wenig, wenn das Handglas die Szene gut erkennen lässt, im Zielfernrohr aber alles zerfließt. Das ist frustrierend. Ein Doppelglas mit der klassischen Vergrößerung von 8 x 56 von einem Markenhersteller hat sich für diese Zwecke bewährt. Ein eingebauter Entfernungsmesser ist an der Kirrung sicher nicht vonnöten, bei der Jagd im freien Feld aber eine Hilfe, um die Lage besser einzuschätzen und um den richtigen Haltepunkt zu finden. Auch das Auffinden des Anschusses lässt sich so des Nachts einfacher bewerkstelligen. Der Einblick durch das Zielfernrohr ist der letzte Eindruck, bevor der Schuss fällt. Früher galten feste Vergrößerungen von achtfach mit starken, mitvergrößernden Absehen als das Maß der Dinge für die Sauenjagd.

TECHNISCHE WEITERENTWICKLUNG

Auch hier hat die Technik erhebliche Fortschritte gemacht. Heute werden fast ausschließlich nur noch Zielgläser mit variabler

Hat der Jäger beim Zielen beide Augen offen, behält er eine bessere Übersicht der Situation.

Vergrößerung angeboten. Ein roter Zielpunkt, der sich je nach Lichtverhältnissen dimmen lässt, um nicht zu überstrahlen (Nacht) oder hell genug leuchtet (Tag), ist eine große Hilfe für ein sauberes Abkommen. Sollte die Beleuchtung ausfallen, sind dicke Balken des Absehens bei schlechtem Licht von Nutzen. Am besten zu Beginn der Saison die Stromeinheit wechseln und immer eine Ersatzbatterie dabeihaben. Liegt das Absehen in der 2. Bildebene, behält es bei jeder Einstellung die gleiche Größe und verdeckt damit weniger vom Zielobjekt. Variable Vergrößerungen sind auch ein Vorteil auf Drückjagden. Die Geräte verfügen über einen Zoom-Effekt, also ein Art Weitwinkel, der auch auf kürzere Entfernungen genug Übersicht bietet, wenn zum Beispiel eine größere Rotte den Stand passiert.

ÜBERBLICK BEHALTEN

Wer zudem noch beim Schießen beide Augen offen lässt, hat einen hervorragenden Überblick des Geschehens. Das ist hilfreich, um die Wirkung des Schusses zu erkennen, aber auch um Doppeltreffer zu vermeiden oder eventuell bei einer Rotte noch einen weiteren Schuss loszuwerden. Wer nicht von Haus aus mit beiden Augen offen schießt, kann das problemlos auf dem Schießstand trainieren.

Folgende Szene: Den Drückjagd-Teilnehmer wechselt eine Rotte auf kurze Distanz an. Waffe hoch, aber der Schütze sieht im Zielfernrohr nur schwarz. Was ist passiert? Üblicherweise wird das Zielfernrohr bei Drückjagden auf eine sehr geringe Vergrößerung gestellt. Als vor dieser Szene ein Reh auf größere Entfernung aufgetaucht war, hatte der Jäger die Vergrößerung hochgedreht, um aufgelegt einen präzisen Schuss abzugeben. In der Freude über den geglückten Abschuss hatte er aber vergessen, die Vergrößerung wieder runterzudrehen.

Fazit: Zeit für die Wahl einer stärkeren Vergrößerung besteht fast immer, im „Nahkampf" bleibt aber dafür keine Zeit und verhindert die Übersicht. Deshalb das Zielfernrohr auf der Drückjagd als Standard immer auf eine Einstellung drehen, die auch den schnellen Schuss auf Nahdistanz ermöglicht. Über Kimme und Korn schießen heute die wenigsten, am ehesten Hundeführer, weil sie beim Durchgehen eine schlanke,

Kommt Wild auf Drückjagden ganz nah, sollte die Vergrößerung am Zielfernrohr möglichst niedrig eingestellt sein.

Wärmebild- sowie Restlichtverstärkertechnik sind bei der Schwarzwildjagd heute nicht mehr wegzudenken.

führige Waffe brauchen. Viele bevorzugen der besseren Übersicht wegen Leuchtpunktvisiere. Die bekanntesten sind Aimpoint und Docter Sight. Sie nehmen wenig Platz auf dem Gewehr ein, besitzen keinen Vergrößerungsfaktor und erleichtern die schnelle Zielerfassung durch einen roten Zielpunkt. Jede Jagdart und jeder Jäger haben Besonderheiten. Und natürlich gibt es auch persönliche Vorlieben. Was dem einen zusagt, muss dem anderen nicht unbedingt zum Erfolg verhelfen. Deshalb muss jeder seine Kombination aus Waffe und Zielglas herausfinden. Das gelingt auf dem Schießstand, aber endgültig erst in der Praxis. Ein Beweis, dass sich alles gut zusammenfügt, ist die „blinde" Bedienung der Ausrüstung, wenn die Waffe und Optik intuitiv wie ein verlängerter Arm eingesetzt wird. Dann kann sich der Schütze voll auf Ansprechen und Schießen konzentrieren, die beste Voraussetzung für gute Treffer.

NACHTSICHT- UND WÄRMEBILDTECHNIK

Die Zulassung der Nachtsicht- und Wärmebildtechnik für den jagdlichen Bereich gleicht einer Revolution. Die Nacht wird damit durchsichtig, der Sauenjäger ist nicht mehr auf den Vollmond angewiesen. Zusätzlich kann durch Vor- oder Nachsatzgeräte diese Technik auch zum Schießen genutzt werden. Theoretisch kann also rund um die Uhr nachts auf Schwarzwild gejagt werden. Die Afrikanische Schweinepest (ASP) hat vermutlich die gesetzliche Freigabe beschleunigt. Innerhalb von nur gut einem Jahrzehnt hat vor allem die Wärmebildtechnik einen beeindruckenden Siegeszug in den Reihen der Jägerschaft vollzogen. Es gibt kaum noch einen passionierten (Sau) Jäger, der nicht über ein solches Gerät verfügt. Die Technik hatte sich schon über einen längeren Zeitraum beim Militär etabliert. Durch einen Infrarotsensor wird die Wärme-Abstrahlung von Körpern erfasst, die sich in der Temperatur deutlich von ihrer Umgebung abheben. Das kann auch mal ein Stein sein, der durch Sonneneinstrahlung aufgeheizt wurde. Bei modernen Geräten funktioniert das selbst über Entfernungen von mehr als einem Kilometer.

BLICK AUF DIE TECHNIK

Wer sich so ein Gerät anschaffen will, sollte ein paar Grundkenntnisse über diese neue Technik haben, um aus dem großen Angebot das Richtige für seine Zwecke herauszufiltern: Die Bildfrequenz, also der Wert, wie häufig die Kamera das Bild neu berechnet, sollte mindestens 50 Hertz betragen. Mit Pixelpitch wird der Abstand der Bildpunkte (Pixel) zueinander ausgedrückt. Je kleiner der Abstand, desto kleiner der Bildpunkt. Guter Standard ist ein Pixelpitch zwischen 12 und 17 Mikrometer. NETD beschreibt die Sensibilität der Temperaturempfindlichkeit. Diese Fähigkeit wird in Millikelvin (mK) gemessen. Je niedriger dieser Wert, desto besser reagiert das Gerät auf Temperaturunterschiede. Je weiter der Wert unter 40 mK liegt, desto besser. Die Displaygröße sollte so abgestimmt sein, dass die Leistung des Geräts auch voll genutzt werden kann. Die üblichen Brennweiten betragen 35 und 50 mm. Mit der größeren Brennweite ist ein geringer Teleeffekt zu verzeichnen, deshalb sind Feldjäger damit gut bedient. Allerdings verkleinert sich das Sehfeld. Der Waldjäger wird mit 35 mm die Vorteile des größeren Sehfeldes schätzen. Die Blende sagt etwas über die Qualität des Objektivs aus. Je kleiner der Wert, umso mehr Infrarotstrahlung fängt die Linse ein und umso besser wird die Abbildung. Vielfach wird mit enormer Vergrößerung geworben. Doch Achtung: Der digitale Zoom macht nur einen Ausschnitt aus dem vorhandenen Bild, was die Ergebnisse verpixelt, also unschärfer macht. Nur die optische Vergrößerung bringt das Objekt ohne wesentlichen Qualitätsverlust näher heran. Das Sehen mit dieser „Eulen-Optik“ bringt viele Vorteile.

AUF DIE VERBINDUNG KOMMT ES AN

Um aber einen gezielten Schuss abgeben zu können, braucht sie eine Verbindung zum Gewehr bzw. zum Zielfernrohr. Die Geräte lassen sich mit einem Adapter auf das Objektiv des Zielfernrohrs aufsetzen. Entweder in einer fixen Verbindung oder mit einem Adapter, sodass die Wärmebildkamera als Handgerät und als Vorsatz fürs Zielfernrohr benutzen lässt (Dual-Use wird diese Kombination genannt). Bei ständigem Wechsel zwischen Handbetrieb und Zielhilfe ist penibel darauf zu achten, dass immer wieder die gleiche Position am Zielfernrohr gefunden wird. Die Alternative sind Geräte mit Restlichtverstärker-Technik, die sich vor dem Objektiv und dem Okular anbringen lassen. Bei der hinteren Befestigung verringert sich allerdings der Augenabstand erheblich. Das kann ins Auge gehen, wenn man nicht aufpasst. Vor einer solchen Aufrüstung sollte auf jeden Fall geprüft werden,

Bei der Nutzung von Vorsatzgeräten kommt dem Adapter zum Zielfernrohr eine besondere Bedeutung zu.

ob die Beschwerung der Zieloptik (inklusive Montage) den Rückstoßbelastungen gewachsen ist. Ein Schalldämpfer kann die Rückstoßkräfte ein wenig ausbremsen. Wichtig: All diese neuen Techniken werden vom Gesetzgeber sehr kritisch betrachtet und geprüft. Längst nicht alles, was es auf diesem Sektor gibt, ist erlaubt. Auch die Bundesländer machen da Unterschiede. Wärmebildkameras zum Beobachten sind kein Problem, in Verbindung mit Zieleinrichtungen gibt es zurzeit (2024) einige Vorbehalte des Gesetzgebers. Eingeschränkt wird fast überall der Einsatz auf Schalenwild. Schwarzwild ist üblicherweise erlaubt, in Niedersachsen zum Beispiel auch die Bejagung des Fuchses, in Bayern gilt die Freigabe für alles Raubwild und den Biber. Nicht alles von der Erlaubnisseite erscheint logisch: Zieloptiken mit Wärmebild oder Nachtsicht samt eigenem Absehen, die sich direkt auf einer Zielfernrohrmontage befinden, sind verboten. Ebenso darf die Nachtsichttechnik laut Gesetz nicht fest mit ei-

DER UNERZOGENE FRISCHLING

Mehrtagesbesuch eines Revieres im August zwecks eventueller Pacht. Ich nähere mich abends einem kleinen versteckten Maisschlag und höre Sauen aus der anschließenden Kieferndickung anwechseln. Eine große Rotte wechselt über den breiten Weg Richtung Mais. Der ist durch einen dreilitzigen Elektrozaun geschützt. Zwei vorwitzige Frischlinge fangen sich einen Schlag und protestieren vernehmlich. Die Leitbache dreht um und verschwindet mit ihrem Gefolge in den Kiefern. Nur eine ungehorsame kleine Wutz will nicht aufgeben. Laut klagend schiebt sie sich durch die Drähte und ist im Paradies. Jetzt geschah Überraschendes. Die ganze Rotte stürmte aus der Dickung zurück, prasselte mit mächtigem Klagekonzert durch den Elektrozaun und verschwand ebenfalls in der Speisekammer. Danach herrschte Ruhe. Ein bisschen Schmerz ist es wohl wert, wenn danach so ein reich gedeckter Tisch wartet.

Insbesondere der Pirschjäger muss bei der Kleidung auf Tarnung und Geräuschlosigkeit achten.

nem Infrarotstrahler verbunden sein, in der Hand halten darf mit ihn jedoch ... Die neue Technik erhöht die Verantwortung des Jägers und fordert einen wohlüberlegten Gebrauch. Bei der Wildschadensabwehr für Feldjäger sicher ein enormer Vorteil, bei nächtlichem Dauergebrauch in Wald und Feld jedoch eine echte Marter für alles Wild.

KLEIDUNG

Zwei Gesichtspunkte sind bei der Kleidungsfrage auf der Schwarzwildjagd entscheidend: Der Jäger muss sich wohlfühlen, und seine Kluft sollte dem Schwarzwild nicht auffallen. Wer nur auf kurzem Weg seinen (Dauer)Ansitz einnimmt, kann sich entsprechend umfangreich belasten, um sich richtig einzumummeln. Wer pirscht, braucht mehr Bewegungsfreiheit und wird auch nicht so schnell frieren. Alles Metallische an des Jägers Außenhülle (Abzeichen am Hut, blecherne Druckknöpfe) sind potenzielle Geräuschquellen, die das feinhörige Schwarzwild auf kurze Entfernungen mitschneidet (auch das Einstechen der Waffe). Ebenso unpraktisch sind Jacken oder Hosen, die bei jeder Bewegung ein leichtes Rascheln erzeugen. Im Übrigen vermindert das auch das eigene Hörvermögen. Ideal sind Überziehstoffe aus Loden, da leise und warm. Wer mit Gummistiefeln pirscht, sollte einen engen Schaft wählen, damit sie nicht bei jedem Schritt bollern.

ZIELHILFE

Ansitze, vor allem an der Kirrung, sind meist so eingerichtet, dass, bequem aufgelegt, auf kurze Entfernung geschossen werden kann. Anders auf der Pirsch: Hier ergeben sich immer wieder neue Situationen. Nur wenn die Sauen ganz nah sind, wird

Moderne Pirschstöcke bieten eine stabile Auflage. So können Waffen sogar eingeschossen werden.

auch ein freihändiger Schuss möglich sein. Deshalb ist für diese Jagdart eine Zielhilfe von großem Vorteil, fast ein Muss. Auf diesem Sektor hat es in den vergangenen Jahrzehnten eine enorme Entwicklung gegeben: Vom Einbein („der Wackelige") über Zweibein-Schere zum Dreibein, der auch selbstständig steht. Durchgesetzt haben sich heute sogenannte 4-Table-Sticks, die eine Auflage für Vorder- und Hinterschaft bieten und damit das Gewehr gut stabilisieren. Selbst wenn es mal ein wenig länger dauert, bis das richtige Stück freisteht, kann der Jäger mit dem Gewehr auf der Auflage entspannt auf den richtigen Moment warten. Durch Material aus Alu oder Carbon ist das Gewicht dieser Stöcke keine große Beschwernis. Manche lassen sich auch zerlegen, sodass sie in den Koffer für eine Jagdreise ins Ausland passen.

Insbesondere der Schuss auf bewegliche Ziele muss immer wieder trainiert werden.

TRAINING

Gute Schützen fallen nicht vom Himmel, und das Üben auf lebendes Wild sollte nicht die Methode der Wahl sein. Schießstände und Schießkinos bieten heutzutage genügend Möglichkeit, mit der eigenen schalenwildtauglichen Waffe vertraut zu werden und Sicherheit beim Schuss zu erlangen. Auf den Kugelständen gibt es zwei Schwarzwildscheiben: auf den stehenden und den laufenden Keiler. Die DJV-Wettkampfbedingungen schreiben vor, dass auf den stehenden Keiler auf 100 Meter freihändig geschossen wird. Eine sportliche Übung, die in der jagdlichen Praxis besser nicht wiederholt werden sollte. Für die Jagdpraxis wesentlich wertvoller ist das Üben auf den laufenden Keiler, der auf 50 bzw. 55 Meter die Schneise quert. Die Geschwindigkeit ist moderat, sodass genügend Zeit bleibt, den richtigen Haltepunkt zu finden. Näher an der Praxis ist eine Variante, die auf dem Schießstand Linden im Kreis Uelzen von Praktikern geschaffen wurde: ein Frischling, der auf 35 Meter beschossen wird.

FALSCHE RINGEINTEILUNG

Die Ringeinteilung auf den DJV-Keilerscheiben sollten sich die Schützen für die Praxis nicht als Vorgabe einprägen. Trotz vielfacher Kritik orientiert sich die Ringabstufung nicht an der Lage der Organe (siehe Grafik). Diesbezügliche Hinweise wurden unter anderem damit abgeschmettert, dass den Schützen ja die Ringeinteilung bekannt sei, sie also wüssten, wo sie hinschießen müssen, um die Höchstpunktzahl zu erzielen. Das bewegt sich gedanklich mehr in Richtung sportlicher Wettkampf als in eine wünschenswerte Vorbereitung für die Revierpraxis. Nach den bisherigen Erfahrungen wird sich daran auch nichts ändern. Seit einigen Jahrzehnten gibt es für Jäger auch die Möglichkeit, in sogenannten Schießkinos ihre Fertigkeiten zu vervollkommnen. Auf einer großen Leinwand werden Jagdszenen abgespielt (z. B. Rotte Sauen über eine Schneise), auf die mit schalenwildtauglichen Kalibern geschossen wird. Hier kann die für die Jagdausübung übliche Waffe in der aktuellen Ausstattung eingesetzt werden. Auch Schussserien sind möglich, es darf also mit

Auf einen großen Teil der erlegten Sauen wird in der Bewegung geschossen.

vollem Magazin angetreten werden (im Unterschied zu den üblichen Kugelständen). Für die vielfältigen Situationen einer Drückjagd ist das eine sinnvolle Vorbereitung. Vor allem wenn nicht auf jedes Stück geballert wird, sondern selektiv wie in der Praxis, eine dicke Bache vorweg, die natürlich eine prima Trefferfläche bieten würde, also tabu ist. Und noch etwas ganz Einfaches zum Schluss: Mit Anschlagübungen im heimischen Wohnzimmer merkt der Schütze rasch, ob alles passt beziehungsweise ob die dicke Jacke für einen flüssigen Schussablauf doch störend aufträgt, sodass die Büchse nur mit Mühe in die Schulter zu bekommen ist.

AUF FLÜCHTENDE SAUEN

Auf kein Schalenwild wird so häufig flüchtig geschossen wie auf das Schwarzwild. Gründe dafür sind die Urigkeit und unterstellte Robustheit dieser Wildart („Auf einen groben Klotz gehört ein grober Keil") und die geringe Aussicht, das vorsichtige Wild beim Tagesansitz vorzubekommen. Die Bewegungsweise und Körperform der Sauen begünstigt die Treffermöglichkeit. Der Wildkörper ist eine kompakte Masse, die auf relativ kurzen Läufen ohne viele Auf- und Abbewegungen (im Vergleich zu flüchtendem Rot-, Dam- oder Rehwild) ruht. Das erleichtert vor allem dem Drückjagdschützen die Zielerfassung. Deshalb präsentieren die Schießdisziplinen des Deutschen Jagdverbandes eben auch keinen flüchtigen Hirsch, sondern eine laufende Sau. Die Distanz von 50 bis 60 Metern ist für die Praxis bedingt hilfreich. Im niedersächsischen Uelzen hat man deshalb eine zusätzliche Anlage in den Pistolenstand integriert und bietet einen laufenden Frischling auf 35 Meter an. Er darf sogar mit Flintenlaufgeschossen bepflastert werden. Das Schießen mit dieser Munition sollte aus Sicherheitsgründen jedoch nicht gerade gefördert werden. Ein Manko, das trotz lange vorliegender wissenschaftlicher Expertise immer noch besteht, ist die Ringeinteilung auf den DJV-Wildscheiben. Sie entsprechen nicht dem Ziel, tödliche Treffer an der richtigen Stelle zu platzieren. Prof. R. R. Hoffmann hat schon vor Jahrzehnten eine anatomisch bessere Ringeinteilung dem DJV vorgeschlagen. Wie so häufig hat der Verband die Sache ausgesessen, bis das Thema irgendwann tot war. Von Seiten des Verbandes argumentierte man, dass neben der Vergleichbarkeit mit früheren Ergebnissen, es ja darum gehe, ei-

Die Nutzung von Flintenlaufgeschossen ist gesetzlich erlaubt, doch die Nutzung ist aus Sicherheitsgründen abzulehnen.

Schießkinos bieten dem Drückjagdschützen äußerst realitätsnahe Trainingsmöglichkeiten.

nen präzisen Schuss zu platzieren und nicht um jagdliche Bedingungen. So erhalten unerfahrene Jäger einen falschen Blick auf die Anatomie von Schalenwild. Der freihändige Schuss auf den stehenden Überläufer („der Wacklige") ist auch eher eine rein sportliche Übung. Bezug zur Praxis könnte hier zum Beispiel durch die Zulassung eines Zielstockes hergestellt werden. Wie häufig werden Jäger im Revier einen Schuss auf diese Entfernung ohne irgendeine Form der Gewehrstabilisierung abgeben? Eigentlich soll ja der Gang auf den Schießstand nicht in erster Linie sportlichen Zielübungen, sondern der Übung für die jagdliche Praxis dienen, und eine geringe Ringzahl hat andere Konsequenzen als ein gezitterter Treffer in die Weichteile.

ABZUGSVERHALTEN KONTROLLIEREN

Am Ende des Schießkinobesuches sollten Schüsse sitzend aufgelegt abgegeben werden. Zu fein eingestellte Abzüge werden bei diesem Event schnell registriert, harte hingegen im Eifer des Gefechts nicht. Deshalb besteht die Gefahr, dass der Schütze im normalen Jagdmodus anfängt zu reißen. Mit diesem Schlussakkord pegelt er sich wieder auf sein normales Abzugsverhalten ein.

SCHIESSKINOS

Eine Variante des Schießtrainings sind die sogenannten „Schießkinos". Dort werden in geschlossenen Räumen Videofilme mit Jagdszenen auf eine Leinwand projiziert. Auf eine Entfernung von durchschnittlich 25 Meter wird das auftauchende Wild mit der eigenen Großkaliberwaffe beschossen. Die filmische „Tiefe" der Sequenzen, also die Größe der gezeigten Objekte, simuliert unterschiedliche Schussentfernungen. Neben dem Zusammenwachsen mit der Jagdwaffe besteht der Vorteil darin, das Magazin vollladen zu dürfen, um mehrfach Schüsse abzugeben, wie es auch bei echten Drückjagden vorkommen kann.
Als Filmsequenzen werden wechselnde und flüchtige Sauen(rotten) auf die Leinwand projiziert. Aber der Fantasie sind keine Grenzen gesetzt: Hirsch- und Blattjagd bis hin zu Szenen aus afrikanischer Wildbahn mit Antilope, Büffel oder Elefant finden sich fast überall im Repertoire der Schießkinos. Die Technik zeigt an, wo der Schuss jeweils gesessen hat, und ermöglicht dem Teilnehmer eine gute Kontrolle seines Schießvermögens.

GLEICHES VERHALTEN

Wer aus dem Schießkinobesuch einen wirklichen Nutzen ziehen will, sollte sich wie auf einer normalen Drückjagd verhalten. Deshalb wird eben nicht die dicke Bache, die so eine große Trefferfläche bietet, beschossen. Auch Paketschüsse und hochflüchtige Sauen sind tabu. Wer mit einer Freundesgruppe so eine Lokalität aufsucht, sollte seine Mitstreiter dazu überreden, dass derjenige, der die meisten Fehltritte produziert, einen ausgeben oder auf eine andere Weise „bluten" muss. Das kann hilfreich sein, um ein wenig Disziplin in die Sache zu bringen. Wie auch immer: Der Besuch eines Schießkinos ist eine gute Vorbereitung für die Drückjagdsaison.

KIRRUNG

Das Ausbringen von attraktiven Leckerbissen zum Anlocken von Wild ist eine Jagdmethode, die schon unsere fellbehafteten Vorfahren praktizierten.

Wie bei Gift kommt es auch hier auf die Dosis an, die diese Methode toxisch werden lassen kann. Wagenladungen mit Kartoffeln, Rüben oder altem Brot verschandeln das Revier, sind unästhetisch und hygienisch bedenklich. Deshalb haben die Bundesländer (unterschiedliche) Verordnungen erlassen, in denen Menge, Art und Zahl der Kirrungen pro Revierfläche festgelegt werden. Außerdem wird verlangt, dass Kirrungen so angelegt werden müssen, dass andere Schalenwildarten nicht an das Kirrgut (meistens Mais) herankommen kann. Damit sind zunächst mal grob die grundsätzlichen Voraussetzungen für den Betrieb einer Kirrung erklärt. Die Bundesländer haben offensichtlich Freude daran, die Regeln für diese Art der Lockmittel ständig zu ändern. Um nicht ins Visier behördlicher Kontrollen zu geraten, ist zu empfehlen, sich über die aktuell geltenden Kirrungsvorschriften zu informieren.

Kirrungen müssen so angelegt werden, dass nur Schwarzwild an die Leckereien kommen kann.

SO KIRRT DEUTSCHLAND

2008 machte ich eine Umfrage unter den Lesern der Jagdzeitschrift „Wild und Hund" zum Thema Kirrung. Auch wenn das schon mehr als ein Jahrzehnt zurückliegt, lassen sich einige Rückschlüsse daraus ziehen. Es wurden insgesamt 33 Fragen gestellt. Und 1.593 zurückgeschickte Antwortbögen aus allen Bundesländern und sogar aus dem Ausland belegten das große Interesse an dieser Thematik.

Hier einige Ergebnisse aus der Umfrage:

— Im Schnitt waren die Reviere der Teilnehmer 523 Hektar groß, davon 54 % Wald und 46 % Feld.

— 51 % bezeichneten Schwarzwild als Standwild, 46 % als Wechselwild.

— Die durchschnittliche Gesamtstrecke in den Revieren pro Jahr belief sich auf 18,9 Stücke Schwarzwild. Über die Hälfte (55 %) kamen an Kirrungen zur Strecke, 26 % auf Drückjagden und 19 % bei anderen Jagdarten (Einzeljagd).

— Pro 130 ha wurde eine Kirrung betrieben, zwei Drittel beschicken sie ganzjährig, ein Drittel saisonal.

— 19 % unterhielten auch Ablenkfütterungen.

— Als Kirrmaterial wurde zu 99 % Mais eingesetzt.

— Additive nutzten nur 11 % (meistens Maggi).

— 81 Prozent werteten die Kirrungen durch Salzlecksteine und Buchholzteer auf.

— Wilduhren benutzten damals 67 %.

— Im Feld kirrten gelegentlich 9 %.

— 58 % aller Ansitzeinrichtungen an Kirrungen bestanden aus geschlossenen Kanzeln, 20 % nutzten offene Hochsitze, 16 % reichte eine Leiter, 4 % begnügten sich mit Erdsitzen, 2 % nutzen andere Einrichtungen.

— Die Ansitze hatten im Schnitt eine Höhe von 3,9 Meter und befanden sich 44 Meter von der Kirrung entfernt.

— An jeder 5. Lockstelle steht ein Alternativsitz für eine andere Windrichtung.

— Das leise Herankommen ist den Saujägern wichtig. Vier von fünf pflegen einen Pirschweg zum Ansitz.

— In 27 % der Reviere befindet sich eine Suhle in der Nähe der Kirrung.

— 49 % der Jäger kontrollieren die Kirrungen täglich, 36 % schauen alle 2 Tage nach, 15 % seltener.

— Durchschnittlich 4 Stunden nahmen sich die Jäger Zeit für einen Ansitz an der Kirrung, vorwiegend in der ersten Nachthälfte.

— Raubwild wird bei diesen Ansitzen von 77 % der Jäger ebenfalls erlegt.

— 48 % der Einsender gaben an, dass auch Drückjagden in ihren Revieren abgehalten werden.

SCHWARZWILDJAGD IM WANDEL

Aus diesen Daten geht hervor, dass die Kirrung bei der Schwarzwildbejagung eine große Rolle spielt. Einiges, das darf man unterstellen, hat sich bis zum heutigen Zeitpunkt verschoben. Die Zahl der Drückjagden inklusive der Erntejagden hat deutlich zugenommen. Die Jagd an Kirrungen hat sich durch technische Errungenschaften verändert. Wilduhren werden heute nur noch selten eingesetzt, stattdessen werden Wildkameras benutzt, die nicht nur die

NUSSKNACKER

Wer in der besinnlichen Ruhe des nächtlichen Ansitzes an der Kirrung gerne mal wegdämmert, dem sei als „Naturwecker" empfohlen, ein paar Walnüsse unter das Kirrgut zu mischen. Wenn die Sauen diese geschätzten Leckerbissen knacken, wird der Jäger mit Sicherheit aus dem Reich der Träume gerissen.

Der Einsatz von Wärmebild- sowie Nachtsichttechnik macht den Jäger unabhängig von natürlichen Lichtquellen.

Uhrzeit von Schweinebesuchen aufzeichnen, sondern auch Bilder von den Besuchern liefern.
Bei direkter Übermittlung per Funk besteht sogar die Möglichkeit für den Empfänger, diese Anwesenheit sofort jagdlich zu nutzen. Bei Ausrüstung mit Wärmebild- bzw. Nachtsichttechnik ist die Jagd an der Kirrung nicht mehr auf Mondunterstützung angewiesen. Es wäre interessant, wenn diese Umfrage unter Jägern zum jetzigen Zeitpunkt wiederholt würde, welche konkreten Veränderungen sich ergäben.

DORT MUSS DIE KIRRUNG HIN

Wo legt man am besten eine Kirrung an? Keinesfalls sollte sie zu nah an einem bekannten Einstand liegen, weder von Schwarzwild und noch weniger vom störungsempfindlichen Rotwild. Günstig ist ein Wechsel in der Übergangszone vom Einstand zur Feldmark, eventuell sogar noch mit Wasser in der Nähe. An solchen Plätzen machen Sauen gern Station, bevor sie sich ins Freie wagen, unter Umständen sogar noch bei guten Lichtverhältnissen. Bei der traditionellen Jagd bei Mondschein muss die Hauptwindrichtung ebenso berücksichtigt werden wie der Lauf des Mondes. Vorwiegend wird sicherlich in den letzten Stunden des Tages bis Mitternacht den schwarzen Nachtbesuchern aufgelauert. Es sollte genügend, aber auch nicht zu viel Licht auf den Kirrplatz fallen, und zwar aus dem Rücken des Jägers, um keine Blendung und keine Reflexe im Zielfernrohr zu haben.
Natürlich muss bei der Auswahl des Kirrplatzes berücksichtigt werden, aus welcher Richtung das Wild anwechseln wird. Alle Sauenjäger wissen, beim Annähern an den Kirrplatz sind die Schweine besonders empfindlich. Eine Prise falscher Wind, und die Bühne ist schlagartig leer. Deshalb ist es sinnvoll, vor einer Neuanlage ausführlich die örtlichen Luftströmungen zu testen. Das geht am besten mit einem stark rauchenden Feuer oder durch das Zünden einer Rauchbombe. Auf kleineren Offenflächen im

Steht Wärmebild- oder Nachtsichttechnik nicht zur Verfügung, ist der Mond für den Nachtjäger wichtig.

Wald entstehen gern Luftverwirbelungen, die nicht mit der Hauptwindrichtung einhergehen. Dann wären die ganzen Mühen einer solchen Anlage umsonst. Ein acht Meter hoher Sitz hilft dann auch nicht weiter, ganz abgesehen von anderen Nachteilen solcher Bauwerke.

MONDGANG

Wer in den Sommermonaten eine Kirrung einrichten will, kann den Mondgang im Herbst und Winter trotzdem berechnen. Wolfram Osgyan bringt es in seinem Buch „Erfolgreich Raubwild bejagen" auf folgende Formel: Die Sonne erreicht ihren Zenit mittags, der Vollmond seinen um Mitternacht. Die höchste Bahn beschreibt der Mond im Dezember und steht dort, wo die Sonne ein halbes Jahr vorher gestanden hat. Der November-Vollmond nimmt demnach den Neigungswinkel der Maisonne, und der Januar-Vollmond den der Julisonne ein. Was zur Mittagszeit bei Sommersonne im Schatten liegt, tut das auch um Mitternacht beim Winter-Vollmond.

ABSCHUSSRAMPEN

So lange ist es noch gar nicht her, da fand ich in norddeutschen Revieren Einrichtungen, die ich zunächst nicht interpretieren konnte: Erdsitz oder Erdloch, etwa 30 Meter unterhalb eines Hügels. Ein Altbauer klärte mich auf. Auf dem Hügel wurde gekirrt, meist mit Schlachtabfällen und Rinderblut. Gleichzeitig wurde der Platz mit Sägespänen bestreut. So hoben sich die Sauen gegen den Himmel besser ab, vor allem die dicken, denn nach dem Krieg zählte in erster Linie das Fleisch. Die Zielhilfen waren auch noch sehr mager. Der Begriff Kugelfang schien in diesen Jahren noch keine so große Rolle gespielt zu haben …

NICHT ZU HOCH BAUEN

Grundsätzlich sollte der Sitz an einer Kirrung möglichst nicht zu hoch sein. Jede Stufe mehr ist eine Geräuschquelle beim Aufbaumen, kostet Zeit und Pflege. Ein hoher Sitz ist zudem aufwendiger freizuschneiden. Der größte Nachteil ist jedoch der ungünstige Schusswinkel. Die Kombination aus hohem Sitz und sehr naher Kirrung produziert Tiefschüsse. Der Abstand zwischen Zielfernrohr und Seelenachse des Laufes ist auf kurze Entfernung noch nicht kompensiert, und die Geschossflugbahn weist einen starken Winkel nach unten auf. Wer dann nicht hoch genug ins Ziel geht, wird keine wirklich tödliche Wirkung im Wildkörper erzielen.

Fragen Sie mal Schweißhundführer nach Tief- bzw. Laufschüssen auf Kirrungen vor solchen Ansitztürmen. Also besser nicht so hoch hinaus, und die Kirrung mindestens auf 40, besser noch auf 50 Meter Entfernung zum Hochsitz beschicken. Wer gern an der Kirrung jagt, sollte ein Leisetreter werden. Das fängt beim Pirschweg an, der

Die Kirrung sollte mindestens 40 Meter vom Hochsitz entfernt sein.

stets tipptopp gepflegt sein muss (und keinen Hauptwechsel queren sollte). Das Ziel, der Hochsitz, sollte gedeckt zu besteigen sein, denn manchmal ist der Jäger spät dran, die Sauen aber früh. Ist der Schleichweg bis zum Sitz lautlos zu bewältigen und der Hochsitz leise zu besteigen, besteht immer noch die Chance, in solchen Situationen zu Schuss zu kommen. Deckung und Lautlosigkeit sind die Schlüssel zum Erfolg.

AUF GERÄUSCHE ACHTEN

Falls es sich um eine Kanzel mit Tür handelt, bloß keine Metallschieber zur Verriegelung anbringen. Ein metallisches Geräusch, und das war's. Falls überhaupt notwendig, einen Riegel aus Holz benutzen. Bei überdachten Sitzen bietet sich ein alter Teppich auf Boden und Ablage zur Geräuschdämmung an. Sinnvoll ist es außerdem, alle möglichen Berührungspunkte mit Gewehr, Fernglas usw. abzupolstern, zum Beispiel mit Nadelfilz oder (nicht quietschendem) Schaumstoff. Bei Fenstern gibt es nach meiner Erfahrung Hunderte von Variationen, wie sie zu öffnen oder zu schließen sind. Jeder pflegt sein eigenes, innovatives Patent. Für Gäste, die diese Einrichtung im Dunkeln aufsuchen, erstmal eine knifflige Rätselaufgabe – vor allem wenn die Sauen schon da sind. Grundsätzlich erweisen sich Fenster, die nach außen zu öffnen sind, kollisionsfreier. Zudem schützen sie vor Blendung und Regen. Egal welches Patent – die wichtigste Regel auch hier, sie sollten leise

Holzverriegelungen an der Hochsitztür sind leiser und Metallschiebern vorzuziehen.

Es sollte so gekirrt werden, dass sich die Sauen auf der Kirrfläche verteilen.

und möglichst einfach auch im Dunkeln zu handhaben sein. Geräuschlosigkeit ist gerade bei der Kirrung neben sauberem Wind das wichtigste Prinzip. Sauen können, wenn sie wollen, fast lautlos anwechseln und sichern vollkommen geräuschlos, bevor sie sich auf die Kirrung wagen. Und selbst wenn sie sich dort recht vertraut und geräuschvoll benehmen, reagieren sie mit ihrem äußerst feinen Gehör sofort auf Laute, die ihnen unnatürlich vorkommen, wie zum Beispiel auf ein Anstoßen der Waffe oder sogar auf das Einstechen. Und nicht vergessen: Das Handy sollte spätestens am Anfang des Pirschwegs stumm geschaltet werden.

MIT PLAN KIRREN

Die Kirrfläche sollte groß genug sein, um mit einem gewissen Abstand an verschiedenen Stellen kleine Futtermengen verteilen zu können, am besten quer zur Ausrichtung des Ansitzes. So wird eine Rotte auseinandergezogen, es lässt sich besser ansprechen, und der Jäger kann einen Schuss loswerden, ohne andere Rottenmitglieder durch Querschläger oder Abpraller zu gefährden. Häufig braucht es ein wenig Zeit, bis sich die Stücke auf die einzelnen Kirrstellen verteilt haben. Das sollte in Ruhe abgewartet werden, wenn ansonsten keine Störungen zu

WASSERKIRRUNG

Ein findiger Jäger aus Brandenburg versuchte, sich die Suche nach Feuchtigkeit in den riesigen Feldern seines Reviers zunutze zu machen. Mithilfe des Landwirts wurde eine flache Mulde am Rand des Maisschlags ausgeschoben, die mithilfe der Feldberegnung zu einer kleinen Flachwasserzone gestaltet wurde. Salzlecke, Buchenholzteer und Wildkamera ergänzten diese Mini-Oase. Als kurzer Pirschweg zu einer Leiter wurde eine Reihe Mais geopfert. Auf dem Untergrund ließ sich gut ansprechen, sodass eine Reihe von Sauen (vorwiegend bei Tageslicht) die Wildschadensbilanz ein wenig ausglich.

WARNSIGNAL

Beim Ansitz an einem kleinen Suhlengelände schiebt sich ein beeindruckender Kasten aus dem Wald, zieht aber nicht ins Freie. Um der Sache nachzuhelfen, streue ich noch am gleichen Tag als junger, eifriger Jäger ein wenig Mais aus, um ihn ins Offene zu locken. Tatsächlich taucht der schwarze Klotz wieder auf, zieht bis zum Anfang der Maislinie und ist sofort verschwunden. Eine Woche später wird rund einen Kilometer entfernt ein Keiler mit 167 Kilogramm überfahren. Keiler haben vermutlich mehrfach erlebt, wie Mais plötzlich „explodieren" kann. Nur wenn sie daraus lernen, können sie ein hohes Alter erreichen.

erwarten sind. Als sicherste Methode hat sich für mich herausgestellt, das am weitesten entfernt stehende Stück zu nehmen (falls es von der Größe passt). Wenn es blitzartig ohne zu klagen zusammenbricht und vom Erlegungsort direkt mit der Wildwanne abtransportiert wurde, habe ich es erlebt, dass in der nächsten Nacht die Rotte bereits wieder an der Kirrung auftauchte (eindeutig festzustellen an auffällig gescheckten Stücken). Ein mir bekannter, sehr erfolgreicher Kirrungsjäger schwört darauf, zu warten, bis die Kirrung nahezu abgeräumt ist und sich dann beim abwechselnden Wild auf einen Nachzügler zu konzentrieren. Dann würde der Abschuss die Rotte nicht vergrämen. Das setzt natürlich beim Schützen neben guter Kenntnis über das Verhalten der Schwarzkittel auch eine gehörige Portion Nervenstärke voraus. Die Kirrung soll das Schwarzwild nicht satt machen, sondern durch Leckerlis (fast ausschließlich Mais) an diese Stelle locken. Es ist natürlich aus Jägersicht erwünscht, dass es nicht nur ein kurzes Stelldichein der Sauenbande gibt, sondern dass sich eine Rotte so lange dort aufhält, dass in Ruhe das richtige Stück ausgesucht und erlegt werden kann. Das Verweilen kann mit der gleichen bescheidenen Menge Mais erreicht werden, wenn die schwarzen Gesellen ein bisschen dafür arbeiten müssen, um an die goldgelben Körner heranzukommen. Abgedeckt werden müssen die milden Gaben ja sowieso.

Auch das Bunkern in anderen Verstecken machen die feinen Schweinerüssel schnell aus. Tieferes Vergraben oder das Bohren von tiefen Löchern, in die Mais gefüllt wird, halten da schon länger auf. Und meistens sind Sauen hartnäckig und versuchen, auch das letzte Maiskörnchen ausfindig zu machen. Eine auch bei schlechtem Licht gut erkennbare Markierung signalisiert dem ankommenden Jäger, ob die Kirrung schon besucht worden ist, oder ob er vielleicht durch tiefen Kanzelschlaf das Wesentliche verpasst hat. Es kann aber auch mal Meister Grimbart dagewesen sein, der ebenso entschlossen alle störenden Hindernisse über den milden Gaben abgeräumt hat.

KIRRUNGSÜBERWACHUNG

Heute werden an solchen Plätzen fast überall Wildkameras installiert. Aus den Bildern und dazugehörigen Daten kann abgeschätzt

Bei älteren Wildkameramodellen müssen Bilder über die Speicherkarte ausgelesen werden. Neue Modelle senden die Bilder über das Mobilfunknetz.

werden, wie regelmäßig die Kirrung besucht wird, wann die Rotten durchschnittlich auftauchen und wie sie sich zusammensetzen. Damit erhöhen sich die Chancen, zum richtigen Zeitpunkt vor Ort zu sein und schon etwas über Zahl und Zusammensetzung der erwarteten Besucher zu wissen. Sauen lernen bekanntlich schnell und reagieren aufgrund schlechter Erfahrungen auf den Rotblitz.

Deshalb sollte sich das Augenmerk beim Erwerb einer Wildkamera auf eine Technologie mit nicht sichtbarem Schwarzblitz richten. Die moderne Variante dieser elektronischen Spione verfügt über eine Funkverbindung, sodass die Daten aktuell aufs Handy geliefert werden, vorausgesetzt das Funknetz im Revier gibt diese Verbindung her. Wenn die Kirrung gut und schnell erreichbar ist, kann es gelingen, diese Information zu einem Spontanangriff zu nutzen. Es muss jeder Jäger selbst entscheiden, ob er so ein Überwachungsfoto für eine „Sau à la carte“ ummünzen will.

SUHLEN

Ob mit einer Kirrung verbunden oder nicht – Suhlen sind für ein attraktives Schwarzwildrevier quasi ein Muss. Versteckte Schlammbäder lassen sich manchmal durch eine Anhäufung von Malbäumen im Bestand finden. Falls nicht durch natürliche Gegebenheiten vorhanden, lohnt es sich, selber Hand anzulegen. Meistens lassen sich Stellen finden (Mulden, Senken, verlandete Gräben usw.), die in Handarbeit zu Suhlen gestaltet werden können. Durch Rinnen wird zusätzlich Regenwasser herangeführt. Wer es besonders gut machen will, legt mit einem Bagger eine etwa ein Meter tiefe zimmergroße Wanne frei und füllt diese mit Lehm auf, der fest angedrückt wird und so das Wasser hält. Malbaum und Salzlecke ergänzen neben Sauengold diese Anlage. Die häufig propagierten Teichfolien haben sich ebenso wenig bewährt für diesen Zweck wie vorgefertigte Betonwannen. Mal abgesehen davon, dass solche Materialien besser nicht ins Revier eingebracht werden. Bei der Kir-

Suhlen sollten möglichst von groben Ästen befreit werden.

rung kommt es nicht auf die Menge an (die der Gesetzgeber ja auch beschränkt), sondern auf die regelmäßige Beschickung, die den Sauen im Gedächtnis bleibt. Wenn gekirrt wird, sollte die Abschussmöglichkeit auch genutzt werden. Prof. Paul Müller, ein großer Freund der Jagd und speziell des Schwarzwildes, hat es in seiner entschiedenen Art mal auf den Punkt gebracht: Wenn eine Kirrung jagdlich nicht genutzt wird, dann handelt es sich um eine Fütterung. Die Feldflur bezeichnete er im Übrigen als die größte Fütterung überhaupt. Wird eine Kirrung regelmäßig angenommen, aber der ständige Ostwind lässt keinen Ansitz zu, kann eine kleine Leiter oder ein transportabler Drückjagdbock Abhilfe schaffen. Unter Umständen kann es dann schwierig sein, den Pirschweg an den Sauenwechseln vorbeizuführen. Mein Vater, der ein Gut in Hinterpommern vor dem Krieg besaß, berichtete mir, man habe vor solchen Wechseln alte, mit Stallgeruch infizierte Holzklompen abgestellt, mit denen der Jäger diese Stellen überwand, um keinen verdächtigen Geruch zu hinterlassen.

KIRRUNG ALS NONPLUSULTRA?

Es gibt eine Menge Jäger, die ihre Sauen fast ausschließlich an Kirrungen bejagen. Sie haben aus ihrer Sicht dafür gute Gründe: Aufgrund der Indizien (Abfährten, abgeräumte Abdeckungen, Wildkamera usw.) rechnen sie sich gute Chancen aus und können selbst entscheiden, wann sie rausgehen. Sie kennen perfekt das Kirrungsgelände im Gegensatz zu Pirsch oder Drückjagd. Sie können in Ruhe ansprechen und aus einer komfortablen Position den Schuss abgeben. Der Schuss erfolgt in aller Ruhe auf ein stehendes Stück. Die Gefahr des Krankschießens ist gering, das Stück kann meistens gleich geborgen werden. Und nicht zu vergessen: Jäger sind Individualisten. Viele von ihnen ziehen einen besinnlichen Einzelansitz dem Treiben einer Gesellschaftsjagd

Hochsitze an Kirrungen sollten mit optimal passenden und leisen Gewehrauflagen ausgestattet sein.

vor. Die Jagd an Kirrungen wird häufig als ein wenig kunstlos abgewertet. Sie liefert aber einen nicht unwesentlichen Anteil an der Gesamtstrecke und sorgt für recht sichere und ungestresste Beute. Bei Impfaktionen gegen die Schweinepest waren Kirrungen ebenfalls eine wesentliche Hilfe für eine gezielte Platzierung der Köder. Keiner ist dazu verpflichtet, solche Lockplätze anzulegen. Sofern diese aber nicht zu Fütterungen ausgebaut werden, sollten sie auch nicht verdammt werden.

LAUTE INTERAKTION

In einem niedersächsischen Heiderevier, in dem ich lange Zeit jagte, liegt zentral eine große Wiese, auf der sich auch die Sauen gerne tummelten. Das Revier hatte einen sehr hohen Rehwildbestand, der ausgesprochen „erzählfreudig" war. Nie wieder habe ich eine Rehpopulation angetroffen, in welcher so häufig geschreckt wurde. Ich pirschte mal ein Exemplar dieser Schreckgespenster an, weil ich den Grund für seine dauernden Lautäußerungen herausfinden wollte. Es war ein mittelalter Bock, der allein auf einer schmalen Wiese im Wald äste.

Rehwild schreckt häufig, wenn Sauen in seiner Nähe auftaucht.

Ab und zu nahm er das Haupt ein paar Zentimeter hoch, bölkte ein, zwei Mal und äste in aller Seelenruhe weiter. Vor allem in der großen Wiese ließen sich anhand der mitteilsamen Rehe die Bewegungen der Sauen akustisch recht gut verfolgen. Das konnte man durchaus jagdlich gut nutzen. Allerdings geriet man beim Angehen auch selbst mit dem Rehwild in Konflikt. Wenn die Rehe ähnlich schreckten wie in der Nähe des Schwarzwildes, störte das nicht. Dieses Begleitkonzert waren die Borstigen ja gewöhnt. Wechselten die Rehe zu kurzen Schrecklauten hintereinander über und vollbrachten auffällige Bocksprünge, wurden auch die Sauen misstrauisch, was den Erfolg der nächtlichen Pirsch infrage stellte. Ich frage mich nach solchen Erlebnissen, ob die unterschiedlichen Schrecklaute der Rehe artübergreifend auch eine Botschaft enthalten? Frei übersetzt sowas wie „Bleib mir vom Leib, Sau", „Gefahr von hinten" oder einfach „Achtung, Mensch!" Am eindringlichsten schrecken Ricken im Frühsommer, wenn sie ihre Kitze abgelegt haben und sich eine Sau nähert. Sie wissen instinktiv genau, ein Kitz bedeutet für Schwarzwild eine leckere Fleischportion, da wird nicht lange gefackelt, wenn sie auf ein sich drückendes Kitz stoßen. Manchmal hörte man nur noch ein kurzes Klagen.

BREITE PALETTE AN LAUTEN

Kontaktlaute:

1. Ein zufriedenes, eher leises Grunzen, was bedeutet, die Welt ist in Ordnung und ich bin in der sicheren Gesellschaft der anderen Familienmitglieder.
1. Gestreifte Frischling geben häufig sowas wie ein leises Gnurpsen von sich, vor allem wenn sie beim Ziehen der Bache folgen.
2. Sauen streiten sich gern mal. Vor allem wenn es ums Futter geht. Selbst die Bache schubst oder schmeißt ihren Nachwuchs zur Seite, wenn sie an einem

Futterbrocken bedrängt wird. Diese Auseinandersetzungen werden meist von einem kurzen, kräftigen Quieker begleitet.

3. Gefahr im Verzug wird durch ein deutlich hörbares „Wuff" zum Ausdruck gebracht. Egal welches Mitglied der Rotte diesen Laut ausstößt, er wird von allen Rottenmitgliedern ernst genommen, während sonst ja meistens die Leitbache das Kommando hat.
4. Eine ähnliche Alarmwirkung hat das Blasen – ein kräftiges Ausschnauben. Es wird am ehesten eingesetzt, wenn eine Sau eine Luftströmung wahrgenommen hat, die Gefahr bedeuten könnte.
5. Wenn zwei ausgewachsene Keiler in der Rauschzeit aneinandergeraten, würde man bei den mächtigen Resonanzkörpern eher laute, tiefe Laute erwarten. Doch diese Kämpfe werden von durchdringenden weit zu hörenden Quiektönen begleitet, wie Jäger das vom Klagen von einer Sau mit Nierenschuss kennen.

LOCKINSTRUMENTE

Viele Möglichkeiten, die Sauen wie Hirsch (Ruf) oder Reh (Blatter) durch Locker zum Zustehen zu bewegen, sind nicht bekannt. Es gibt verschiedene Geräte mit einem hölzernen Mundstück und Plastikschlauch (ähnlich dem Entenlocker), mit denen Kontaktgeräusche von jungen und erwachsenen Stücken nachgeahmt werden können. Für das menschliche Ohr klingen sie recht naturnah. Über Einsatz auf breiter Ebene ist wenig bekannt. Beim Anpirschen von Rotten, die vertraut auch eine Menge eigene Geräusche produzieren, habe ich ab und zu auch ohne Hilfsmittel gegrunzt und laut geschmatzt, um das Annähern eines weiteren Stückes zu simulieren. Dadurch wurden die Eigengeräusche für die feinohrigen schwarzen Gesellen etwas überdeckt. Das hat meist gut funktioniert, wenn ich mich dabei ganz langsam bewegt habe.

Die Laute von Keilern bei Kämpfen mit Rivalen ähneln einem gellenden Quieken.

FELDJAGD UND WILDSCHÄDEN

Im Feld wird es mit Sicherheit überall Sitze geben, die sich für die Sauenjagd eignen. Spannender und Erfolg versprechender ist hingegen die Pirsch in diesem offenen Umfeld.

Im Wald macht sie eigentlich nur im lichten Laubwald Sinn, wenn im Winter genug Licht von oben einfällt oder das Ausgehen nach Schneefall. Um beweglich zu bleiben, sollte die Ausrüstung aufs Notwendigste beschränkt werden. Durch die Bewegung ist nicht so ein starkes Auskühlen wie bei einem stundenlangen Ansitz bei frostigen Temperaturen zu befürchten. Gewehr, Optik, ein leichter (Ansitz-)Rucksack und ein

In den Sommermonaten sollte der jagdliche Schwerpunkt im Feldbereich gesetzt werden.

Mittels einer Drohne können Wildschäden aus der Luft gut entdeckt werden.

Zielstock reichen. Mit Hochwerden der Feldfrüchte sinken die Chancen des Feldjägers. Dafür sind aber die Nächte kurz, sodass bei gutem Licht noch häufig Sauen bei Licht unterwegs sind und gut angesprochen werden können. Schon Ende Juni/Anfang Juli rücken die Mähdrescher aus, um Wintergerste zu ernten. Häufig wird unterstellt, Schwarzwild sei nicht an Gerste interessiert. Das stimmt nicht. Was sie nicht mögen, sind die langen Grannen. Deshalb eilen sie schnell herbei, wenn zwischen den Stoppeln der frisch gemähten Wintergerste noch reichlich Körner zu finden sind. Allerdings ist das nur ein kurzes Vergnügen, denn heute werden die Schläge meist bereits kurz nach der Ernte gepflügt. Die Vorliebe der Sauen für Getreidekörner lässt sich ebenso im Frühjahr nach einer Bestellung mit Sommerweizen feststellen. Die schwarzen Kostgänger arbeiten die Saatreihen mit Vorliebe akribisch nach.

HOTSPOTS IM FELD

Früher wurde in einigen Regionen Gemenge gesät: Hafer und Gerste im Gemisch. Wenn der Hafer in die Milch kam, suchten die Sauen gern diese Schläge auf. Beim „Ernten" des Hafers geriet ihnen aber immer wieder die grannenreiche Gerste ins Gebrech. Das laute, fast empörte Ausspucken dieser harten Ährenbestandteile hört sich echt schweinisch an. Hotspots können bei der Pirsch im Feld Gräben und Wasserstellen sein. Nach der kohlehydratreichen Kost besteht hoher Flüssigkeitsbedarf bei den Sauen. Wenn sie dabei ihr Wohlbefinden noch durch ein Schlammbad ergänzen können, wird solch eine Stelle zu einem waren Sauen-Magnet. Leider werden nur in wenigen Revieren Bejagungsschneisen in großen Raps-, Mais- oder auch Weizenschlägen angelegt. Ohne diesen Einblick hört der Feldjäger die Sauen häufig, kann sie aber nicht sehen.

TECHNISCHE HILFE IM FELD

Um sich zumindest einen Überblick über eventuellen Wildschaden zu verschaffen, kann eine Drohne nützliche Dienste leisten. Unter Umständen sind flächige Schaden- oder Lagerstellen erkennbar, die für einen Ansitz geeignet sind. Grundsätzlich ist bei der Sommerjagd besondere Umsicht gefragt. Bei weiblichen Stücken muss unbedingt ein Blick unter den Bauch möglich sein, um den

Abschuss einer führenden Bache auszuschließen. Und das gilt nicht nur für stärkere Kaliber. Selbst Stücke um die 30 Kilogramm Körpergewicht können bereits Nachwuchs führen. Die gestreiften Frischlinge sind häufig so klein, dass sie vom Bewuchs verschluckt werden. Hier kann die Wärmebildkamera Erleuchtung bringen. Dazu müssen beim Pirschen Kugelfang und Hintergrund im Auge behalten werden, denn in den meisten Fällen ist der Winkel vom Boden gefährlich flach. Wenn Raps, Mais und anderes Getreide hoch genug sind, wählen Sauen diese Schläge mit Vorliebe als Tageseinstand. Sie sind in diesem Halmenmeer dann auch am Tag auf den Läufen, lediglich an Geräuschen oder an den wackelnden Stängeln bzw. Halmen von außen bemerkbar. Das kann für den zuständigen Jäger ganz schön frustrierend sein. Die Rotten dagegen sind im Paradies: Licht und Schatten, eine Brise Wind und wenig Ungeziefer sind neben der Ungestörtheit die Trümpfe dieses Sommerdomizils, und für einen reichlich gedeckten Tisch ist auch gesorgt.

FREIGANG

Wenn eine Rotte Sauen im Feld oder Grünland im Gebräch steht, scheint die Sache aussichtslos. Der Jäger kann sich allerdings das eher schlechte Sehvermögen dieser Wildart zunutze machen. Mit passendem Wind, eventuellem Mond im Rücken gelingt es häufig recht gut, die Truppe anzugehen – ganz langsam. Mit möglichst wenig herausragenden Accessoires (Gewehr, Zielstock) ist es möglich, bis auf Schussentfernung heranzukommen. Aber Vorsicht: Unter 50 Meter sehen auch Sauen schärfer. Wichtig sind Geduld, ruhige Bewegungen und die genaue Beobachtung, ob Stücke in der Rotte misstrauisch werden.

Wird eine Kirrung innerhalb eines Schlages mit einer Suhle kombiniert, ist dieser Platz besonders beuteträchtig.

Lediglich um Wasser zu schöpfen oder für ein Schlammbad muss dieses Sommerparadies ab und zu verlassen werden. Wer diese Anlaufstellen kennt, hat gute Aussichten, hier Beute zu machen – auch am Tag.

EFFEKTIV PIRSCHEN

Beim Pirschen im Feld oder auf Grünland besteht bei entsprechender Übersicht die Chance, mehr als nur ein Stück zu strecken. Gerade wenn die Rotte in ihrer Vertrautheit von dem Schuss vollkommen überrascht wird, kommt es häufig nach dem Knall zu einer Desorientierung, weil von den Mitgliedern der Rotte nicht erkannt wird, wo die Gefahr herkommt. Ein Schalldämpfer verstärkt diesen Effekt. Wenn eindeutig klar ist, das beschossene Stück liegt, besteht in dieser Phase der Desorientierung die Möglichkeit, ein zweites ins Visier zu nehmen. Voraussetzung ist, dass quasi noch im Schuss repetiert wird, sodass dieses Geräusch im Schussknall untergeht. Diese Handhabung sollte man sich im Übrigen bei Repetierern grundsätzlich zu eigen ma-

Bereits wenige Sauen können in einer Nacht große Schäden im Getreide anrichten. Reifende Feldfrüchte sollte der Jäger deshalb stets im Blick behalten.

chen. Wenn also nach dem 1. Schuss noch Stücke erreichbar sind, lässt sich der Erfolg der Pirsch oder des Ansitzes des Abends bzw. der Nacht um 100 Prozent steigern. Etwas, was zum Beispiel an der Kirrung quasi ausgeschlossen ist, denn dort ist nach dem Schuss die Bühne üblicherweise leer. Eine Warnung aus eigener Erfahrung: Beim ersten Schuss sollte der Fokus ausschließlich auf dem zu beschießenden Stück sein. Ein mögliches zweites Stück sollte vom Jäger gar nicht erst ins Auge gefasst werden. Denn das untergräbt die Konzentration auf den ersten Akt, und dann liegt unter Umständen statt der angepeilten zwei Kujel zum Schluss gar nichts auf der Strecke.

WILDSCHADEN

Im Feldteil oder im fast reinen Feldrevier sind von April bis September ständig die Warnlampen an: Wildschaden. In Pachtrevieren wird fast durchgehend der Ausgleich für Wildschäden auf den Pächter im Vertrag festgelegt. Und das kann heute bei den großen Feldschlägen schwer ins Geld gehen. Um die eventuelle Schadenssumme nicht unbegrenzt nach oben ausufern zu lassen, wird häufig im Vertrag eine Wildschadenspauschale festgelegt. Damit ist wenigstens das Risiko für den Pächter nach oben begrenzt und kalkulierbar.

DIE MEYNHARDT-BOX

Der bekannte DDR-Schwarzwildforscher Dr. Heinz Meynhardt entwickelte mit westlicher Hilfe einen Sauenschreck zur Wildschadenabwehr. Es war ein länglicher Plastikkasten mit Lautsprechern, in dem ein Endlosband abgespielt wurde mit folgender Lautfolge: Schuss, Klagelaut eines Frischlings, Warnlaute der Bache. Das funktionierte ganz gut, aber auch hier war nach einer Woche feststellbar, dass die schlauen Sauen die Sache spitz hatten und sich immer weniger darum kümmerten.

Wer in der wildschadensträchtigen Zeit längere Zeit nicht vor Ort ist, sollte auf jeden Fall dafür sorgen, dass in dieser Zeit eine vertrauenswürdige Person nach dem Rechten sieht, um im Zweifelsfall Gegenmaßnahmen einzuleiten. Welche sind die wichtigsten Gefahrenphasen?

1. **Frühjahr:** Ab der zweiten Aprilhälfte wird bereits Mais gelegt. Die Sauen stürzen sich nach dem kargen Winterausklang besonders intensiv darauf. Etwa nach dem zweiten Blattstadium lässt das Interesse nach. Dasselbe gilt für Sommergerste und -weizen. Große Fresslust lösen außerdem frisch gepflanzte Kartoffeln aus.
2. **Frühsommer:** Ab der Milchreife interessieren sich Sauen für alle Getreidearten mit Ausnahme der Gerste, da ihnen die Beigabe der langen Grannen den Appetit vermiest. Das gilt im eingeschränkten Maß auch für Roggen. Weizen, Dinkel, Hafer und Triticale sagen unseren Sauen deutlich mehr zu. Mais und Raps dienen zunächst vorwiegend als sommerliche Deckung in der Feldflur. Die Kartoffeln müssen im Auge behalten werden, da die flüssigkeitsreichen Knollen in heißen Sommern besonders begehrt sind. Sauen sind ausgesprochen wählerische Feinschmecker und bevorzugen bestimmte Sorten, das hat bereits der DDR-Sauenforscher Heinz Meynhardt in seinen Versuchsreihen bewiesen.
3. **Spätsommer:** Die letzte große Hürde steht im August an, wenn nur noch der Mais steht und neben der perfekten Deckung mit seiner Kraftnahrung zur wohlgefüllten Speisekammer wird.

ZÄUNEN GEGEN SCHÄDEN

Jäger in wildschadensgefährdeten Revieren sind in ihrer Not sehr einfallsreich und aktiv, wenn es um die Begrenzung von Wildschäden geht. Vor allem kleinere, stark gefährdete Felder lassen sich ganz gut mit Elektrozäunen abriegeln. Anschaffung und Aufwand sind aber erheblich. Zunächst muss das Material (Litzen, Pfähle, Stromversorgung) beschafft werden, falls nicht der freundliche Grundbesitzer aushilft. Dann

Viele Jäger setzen auf einen Zaun zur Abwehr von Sauen. Häufig hilft dies jedoch auch nicht.

Fahrspuren können genutzt werden, um darüber Sauen gezielt anzupirschen.

müssen die Ränder komplett von Grasbewuchs befreit werden, damit die Spannung auf den Drähten erhalten bleibt. Sonst nützt der ganze Aufwand nichts. Das bedeutet tägliche Kontrolle und Nachjustierung. Wichtig: Vor dem Aufbau einer solchen Strombarriere sorgfältig prüfen, ob sich die Sauen nicht schon im Inneren eingerichtet haben. Werden sie mit eingezäunt, erreicht man genau den gegenteiligen Effekt. Bei allen anderen Abwehrmaßnahmen muss von einem Gewöhnungseffekt ausgegangen werden. So zum Beispiel bei Schussapparaten, Flatterbändern, Kofferradios, Blinkleuchten oder Ähnlichem. Auch die Wirkung von chemischen Mitteln verpufft meist schon nach wenigen Tagen – je nach Witterung. Als natürliches Abwehrmittel ist das Ausstreuen von menschlichen Haaren beliebt. In der Hochsaison Mangelware in den Sauen-Hochburgen. Bewährt hat sich das Überstülpen von Plastikbechern über die Duftmarken, damit diese Stinkepads vom Regen nicht ausgewaschen werden. Eine Gelegenheit, Sauen im Sommer anzugehen, bieten die Fahrspuren in Getreideschlägen. Sie ergeben gute Pirschwege, um sich einer Rotte im Getreide auf Schussentfernung zu nähern. Die Spuren lassen ein leises Pirschen gut zu, da die schweren Maschinen den Boden stark verdichten. Am besten gelingt das, wenn es regnet oder geregnet hat.

NUR EIN SPATEN

In der Lüneburger Heide, meiner zwischenzeitlichen Heimat, lernte ich einen bodenständigen Jäger kennen, der für seine herausragende Keilerquote hohes Ansehen genoss. Als ich Heinrich nach seinem Erfolgsrezept fragte und was er dafür brauche, lautete seine wortkarge Antwort: „Nur einen Spaten." Das funktionierte so: Wenn er auf seinen Feldern eine starke Keilerfährte registrierte, positionierte er sich unter Wind in der Nähe. Der Spaten wurde kräftig in den Boden gerammt und diente als Auflage, falls die Sau mal nicht nahe genug kam. Und als Ansitz? Nein, beschied mich Heinrich, er stehe einfach. Fünf bis sechs Stunden könne er das ohne Probleme aushalten. „Aber man darf sich nicht bewegen, da man sonst im freien Feld als Silhouette zu sehr auffällt." Keine Methode für Leute mit Rückenproblemen!

Der Blick unter die Bauchlinie ist auch bei Feldsauen Pflicht. Kleine Frischlinge können leicht übersehen werden.

KAUM ÜBERBLICK

Da sich im Sommer noch viele (unsichtbare) „Streifenhörnchen" bei der Rotte befinden, ist äußerste Vorsicht angesagt, damit nicht versehentlich ein Mutterstück beschossen wird. Auch hier hilft der Einsatz einer Wärmebildkamera, Unglücke zu verhindern. Falls keine zusätzlichen Schadstellen oder Lagergetreide vorhanden sind, ist es trotzdem schwer, auf den schmalen Treckerspuren einen klaren Überblick zu bekommen. Überläuferbachen haben manchmal nur wenig angesaugte Zitzen, die sich selbst bei gutem Licht kaum erkennen lassen. Ein Nachteil von Bio-Betrieben in diesem Fall: Hier wird weder gedüngt noch gespritzt, dementsprechend gibt es auch keine Fahrspuren in den Schlägen.

ZUR NOT DRÜCKEN!

Weiß der Jäger sich keine andere Hilfe gegen marodierende Sauen in den Schlägen, schickt er ein paar Hunde ins Rennen, um die Sauen zu vertreiben. Wer dabei auch Strecke machen will, positioniert ein paar Schützen an den aussichtsreichsten Ständen und auf Fernwechseln. Bei der Auswahl der Teilnehmer sollten nervenstarke Vertreter der grünen Zunft bevorzugt werden, damit weder Menschen oder Hund noch Mutterstücke zu Schaden kommen. Der Erfolg hält sich jedoch vor allem bei großen Schlägen in Grenzen. Die Sauen möchten nur ungern diese Paradiese verlassen und spielen mit den Hunden und eventuell Menschen in dem grünen Dschungel Katz und Maus, bis schließlich das ganze Innenleben nach Sau riecht und die Hunde die Orientierung verlieren. Wenn man Glück hat, meiden die Wutzen den Schlag deshalb nach einer solchen Aktion für eine Weile. Eine der wichtigsten Voraussetzungen für eine Begrenzung von Wildschäden ist der gute, regelmäßig gepflegte Kontakt zu den Landwirten. Ein gegenseitiges Verständnis für die Situation des anderen ist die Grundlage.

Das gelingt nicht mit jedem Vertreter dieses Berufsstandes. Ein freundliches Aufeinanderzugehen ist der erste Schritt. Kaum ein Jäger wird die Zeit haben, in der kritischen Zeit des Wildschadens das ganze Revier ständig zu kontrollieren. Der Erfolg eines guten Kontakts besteht zum Beispiel darin, rechtzeitig eine Mitteilung vom Bauern zu bekommen, wenn Wildschaden an einer Stelle aufgetreten ist. Noch besser ist es, wenn der Bewirtschafter sich bereit erklärt, bei den Abwehrmaßnahmen zu helfen. Vorstellbar wäre zum Beispiel ein Mulchen der Schlagränder oder die Schaffung von Bejagungsschneisen.

SCHWARZWILDFANG

Immer wieder wird der Fang von Schwarzwild propagiert mit dem Ziel, die Bestände zusätzlich zu reduzieren. Nicht gemeint ist hier der Fang zum Zwecke der Telemetrie. Beliebt ist diese Art der Jagd bei Jägern nicht. Der Aufwand ist selbst mit modernen Geräten wie dem Netzfang groß, und es ist wahrlich kein Vergnügen, die Gefangenen zu liquidieren. Diese Methode wurde teilweise in Bundesländern im Zeichen der ASP massiv gefördert, da man unterstellte, dass damit die Schwarzwildstrecken deutlich erhöht werden (was aber nicht eintrat). Eine interessante Alternative bietet der Fang in bewohnten Gebieten, in denen sich Sauen etablieren, wie zum Beispiel in Berlin. Hier ist der Einsatz von Schusswaffen aus Sicherheitsgründen problematisch. Dem Wildbiologen Dr. Hinrich Zoller gelang es, einen Teil der Hansestadt Rostock durch intensiven Falleneinsatz von den dortigen Sauen zeitweise komplett zu befreien.

ERNTEJAGDEN

Mit der eintretenden Erntezeit ist die Zeit des Wildschadens erstmal vorbei. Gleichzeitig ergibt sich nicht nur für den Landwirt die Möglichkeit zu ernten und damit die vierläufigen Profiteure dieser Kornkammern zu zehnten. Erntejagden sind jedoch eine enorme sicherheitstechnische Herausforderung.

Stecken Sauen im Mais, kann der Schlag zur Not mit Treibern und Hunden gedrückt werden. So lassen sich die Kostgänger erlegen, zumindest aber vergrämen.

Neben Maisschlägen nutzen Sauen vor allem Rapsschläge als Einstand in den Sommermonaten.

Auf den Feldern verändert sich permanent die Situation: Erntemaschinen sind ständig in Bewegung, Trecker mit Anhängern, die die Früchte auffangen, kommen und gehen, im Hintergrund eventuell Straßen, Häuser und zuschauende Menschen. Auch die Schützen bewegen sich häufig und rücken immer näher an die Restbestände des Schlages heran, um mehr Schussfeld nach außen zu haben.

ERNTEJAGDEN

Ich war in jüngeren Jahren häufig an solchen Erntejagden beteiligt und habe auch eifrig Strecke gemacht. Trotzdem: In diesem Umfeld habe ich mich nie richtig wohlgefühlt, immer von der Befürchtung getrieben, vielleicht nicht alle Gefahrenkomponenten richtig im Blick zu haben. Und wenn die Sauen in den letzten Maisreihen schon sichtbar panisch hin- und herflüchteten, ihnen allmählich die letzte Deckung vom Häcksler geraubt wurde, kam es mir vor, als wenn man einem Schlafenden langsam die Bettdecke wegzieht.

Wenn in diesem ganzen Gewusel Sauen ausbrechen, was manchmal erst nach Stunden geschieht, gehen bei manchen der wartenden Jäger die Nerven durch: Es wird auf alles gefeuert, was Borsten trägt, nach dem Motto, keine Sau darf unbeschossen durchkommen. Weil auf den Stoppeln freie Sicht herrscht, wird teilweise auf enorme Entfernungen hingehalten. Und das ist gefährlich für Mensch und Tier: Selbst, wenn die Schützen auf Drückjagdböcken oder auf der Ladefläche eines Pick-ups sitzen oder stehen, endet der sichere Kugelfang in der Ebene maximal auf Schrotschussentfernung. Das ist jetzt eine

recht kritische Bewertung dieser sommerlichen Spektakel. Sind solche Erntejagden gut organisiert, hat der Jagdleiter die richtigen Leute ausgewählt und präzise Anweisungen gegeben, lässt sich mit Sicherheit und gutem Gewissen Strecke machen. Empfehlenswert ist die Besetzung von Fernwechseln, an denen das Wild entschleunigt ankommt, was eine gute Voraussetzung für Schüsse ist, die eine ordentliche Verwertung garantieren. Erntejagden finden bei hohen Außentemperaturen statt. Deshalb ist es in dieser Zeit besonders wichtig, sich schon vorher Gedanken über Aufbrechen, Transport und Kühlung zu machen, denn je größer der Erfolg der Jagd, umso mehr spielt die Logistik nach dem Schuss eine Rolle. Die Verwertung bedeutet ja auch ein wenig „Schmerzensgeld" für die entstandenen Schäden und den Aufwand, der zuvor betrieben wurde, um genau diese zu begrenzen.
Im Fokus der Erntejagden stehen vor allem Maisfelder. Auf mehr als 2,5 Millionen Hektar werden die Süßgräser in Deutschland angebaut. Nach dem Weizen ist er damit die zweithäufigste Anbaufrucht der Republik. Zuvor bietet noch der Raps ein lohnendes Betätigungsfeld, denn in diesem engen Stängeldschungel ziehen sich Sauen besonders gern zurück und erzeugen mit ihrer U-Boot-Figur einen wahren Irrgarten an Wegen und Wechseln. Ebenso für einen jagdlichen Ernteeinsatz können sich Weizen-, Triticale- oder Dinkelschläge eignen. Vorherige Absprachen mit dem landwirtschaftlichen Erntepersonal über Zeitpunkt und Ablauf lohnen sich. Ebenso kann eine Drohnenbefliegung Auskunft über die Anwesenheit von Sauen geben. Es ist es vielleicht möglich, Querschneisen anzulegen oder dass der Drescher- bzw. Häckslerfahrer aus seiner hohen Position die Warnleuchten anschaltet, wenn er Wild im Schlag entdeckt. Das müdet die Schützen auf, die vielleicht schon stundenlang in der staubigen Hitze ausharren. Grundsätzlich können die Sauen jederzeit flüchten. Erfahrungsgemäß drücken sie sich aber lange, wollen die schützende Deckung nicht verlassen, bis diese immer durchsichtiger wird. Wenn sie gar nicht ausrücken wollen, geraten sie manchmal sogar in das Schneidwerk der Erntemaschine, was, anders kann man es nicht sagen, eine Riesenschweinerei ergibt.

TEURER URLAUB

Ein Jagdfreund berichtete mir von seinem dreiwöchigen Sommerurlaub mit der Familie. Auf meine Frage, ob sowas sehr teuer wäre, war seine lapidare Antwort: „Für den in der Zwischenzeit entstandenen Wildschaden im Revier hätte ich auch sechs Wochen bleiben können."

Bei der Maisernte erntet nicht nur der Landwirt, auch der Jäger kann hier Beute machen.

ZWISCHENFRUCHT ALS EINSTAND

Wenn die Getreidefelder abgeerntet sind, schieben sich die Sauen gern am Tag in hochwachsende Zwischenfrüchte ein. Besondere Vorliebe hegen sie für Senf. Ob diese Kreuzblütler neben der Deckung den Schweinen noch andere Annehmlichkeiten bieten, ist unbekannt. Auf jeden Fall lohnt es sich, solche Schläge auf Sauen-Anwesenheit zu prüfen. Falls Schwarzkittel stecken, kann nach ähnlichen Regeln wie bei Erntejagden vorgegangen werden – mit dem Vorteil, dass keine Erntetätigkeiten die Szene beleben, Hunde wie Jäger bessere Übersicht und Vorankommen haben und die Sauen sich kaum drücken können. Diese Rahmenbedingungen sorgen dafür, dass bei solchen Aktionen häufig erhebliche Strecken erzielt werden.

SCHILFSAUEN

Ein weiteres Betätigungsfeld sind größere Schilfpartien. Sie müssen nicht mal besonders groß sein, damit Sauen sie für ihren Tageseinstand wählen. Allerdings lassen sich Sauen dort selbst mit firmen Hunden nur schwer bewegen und aus dem Einstand drücken. Bewährt hat es sich, vorher Schneisen durch das Reet, wie es im Norden üblicherweise genannt wird, zu mähen und dann mit relativ wenig Druck die schwarzen Bewohner dieser Süßgräser auf die Läufe zu bringen. Sie wechseln dann häufig im Troll über die gemähten Abschnitte und sind gut zu bekommen. Falls die Sauen stur sind, wiederholt man das Treiben und baut mit Hundepower mehr Druck auf, um auch die Widerspenstigen vor die Schützen zu bringen. Frostlagen

01

02

sind ideal für solche Aktionen, da die Schützen akustisch vorgewarnt werden, wenn Wild anwechselt.

FOKUS AUF FRISCHLINGE

Bei keiner Wildart wird ein so hoher Abschussanteil in der Jugendklasse gefordert wie beim Schwarzwild. Mindestens 70 Prozent lautet das Soll. Je mehr, desto besser, denn die jährliche Vermehrungsquote wird auf rund 300 Prozent taxiert. Schwarzwildkenner, wie Prof. Christoph Stubbe oder Prof. Hans-Dieter Pfannenstiel, haben schon früh darauf gedrängt, Frischlinge so früh wie möglich und mit aller Konsequenz zu bejagen. Das geschah vor dem Hintergrund, dass heute schon fast die Hälfte der Frischlingsbachen beschlagen werden und damit das Reproduktionsgeschehen mächtig anheizen. Eine späte Möglichkeit in den frischen Jahrgang einzugreifen, ist die intensive Bejagung von Frischlingsrotten, wenn sich ihre Mütter Anfang des Jahres zum Frischen zurückgezogen haben. Erstmalig ohne Führung sind die Jungschweine in ihrer Unerfahrenheit eine leichte Beute für den Jäger. Wenn also ein kleiner Trupp gleichgroßer Frischlinge im 1. Quartal des Jahres auftaucht, können Sie Ihre Bilanz in dieser Klasse verbessern, und die Gewichte durchschnittlich zwischen 20 und 30 Kilogramm sind für die Verwertung in der Küche ideal. Vermutlich werden immer wieder Frischlingsbachen innehaben, aber das haben wir bei der Bejagung der Wiederkäuer zu diesem Zeitpunkt auch. Eine vorherige Unterscheidung der Geschlechter wird bei den üblicherweise schlechten Sichtverhältnissen kaum möglich sein.

01 Nach der Ernte herrscht häufig Deckungsmangel im Offenland. Zwischenfrüchte ziehen Sauen dann magisch an.

02 Schilfpartien bieten dem Schwarzwild sowohl Deckung als auch Wasser im Überfluss.

DRÜCKJAGD

Schwarzwild ist das Drückjagdwild Nummer eins, das Salz in der Suppe für jede dieser herbstlichen Gemeinschaftsjagden.

Ein Drückjagdtag ist erst wirklich rund, wenn der Ruf „Sauen“ von den Treibern erschallt, die Hunde giftig anschlagen und Schusssalven die Fluchtrichtung begleiten. Bei der heutigen Verbreitung des Schwarzwildes kann diese Szenerie fast an jedem Ort der Republik entstehen. Keine Frage, wer freut sich nicht über Rot-, Dam- oder Rehwild auf einer Gemeinschaftsjagd, doch Sauen sind eine andere Kategorie. Ihre urige Erscheinung fasziniert fast jeden Jäger, ihre kompakte Form ist einmalig, und die anatomischen Verhältnisse begünstigen den flüchtigen Schuss. Ihre Robustheit scheint von manchem gleichgesetzt zu werden mit Unempfindlichkeit, nach dem Motto „auf einen groben Klotz gehört ein grober Keil“. Andere Schalenwildarten mit langen Läufen und ausgeprägtem Träger flüchten mit ungleichmäßigeren Bewegungen, machen Bock- oder Prellsprünge, was ein kontinuierliches Mitziehen und Zielen erschweren. Leider verleitet die Begeisterung für das Schwarzwild die Jäger häufig zu äußerst riskanten Schüssen, die auf anderes Wild (bis auf Fuchs) so nicht abgegeben würden. Sollten wir das, was wir gerade so an der Jagd lieben, nicht ein bisschen fairer behandeln?

Kommen Sauen bei Drückjagden vor, krönt das den Jagdtag für alle Teilnehmer.

SCHWERPUNKT: SAUEN

Drückjagden auf Schalenwild mit dem Schwerpunkt „Schwarzwild" bedeuten eine Menge Arbeit und bedürfen einer guten Vorbereitung und durchdachten Strategie, damit sich der ganze Aufwand am Ende des Jagdtages auch lohnt:

1. Als Erstes sollte früh im Jahr der Termin festgelegt werden, wenn es sich um eine größere Aktion handelt. Das Wetter ist Glückssache, nur bei kleineren Spontaneinsätzen kann man die Wetterlage berücksichtigen (Frost, Schnee usw.). Stark laubholzgeprägte Reviere müssen den Laubfall berücksichtigen, damit genügend Sicht besteht.
2. Der Termin wird nach seiner Fixierung umgehend den wichtigsten Hundeführern mitgeteilt – Durchgehern mit Hunden, Standschnallern und Schweißhundführern. Wer zu spät anfragt, muss sich häufig mit der zweiten Wahl zufriedengeben – wenn überhaupt.
3. Sinnvoll ist es, den Termin mit den Reviernachbarn abzustimmen, sie zumindest zu informieren. Rot- und Schwarzwild weichen unter Druck großräumig aus. Revierübergreifend gleicht sich der Effekt überwechselnden Wildes aus und erhöht die Gesamtstrecke. Ebenso werden weitjagende Hunde eher akzeptiert, und auch die Nachsuchenabsprache fällt leichter.
4. Weitere nützliche Helfer sind ein Tierarzt vor Ort oder zumindest in Bereitschaft. Glücklicherweise befinden sich viele Jäger unter den Veterinären. Im Zeichen der Afrikanischen Schweinepest (ASP) kann er fachkundig helfen bei der Beprobung des Schwarzwildes, der erforderlichen Trichinenprobe und falls auffällige Merkmale beim Aufbrechen auf Infektionen hindeuten. Ebenso befinden sich verletzte Hunde bei ihm in bester Obhut.

Bei jeder Drückjagd sollten Bergekommandos bereitstehen.

5. Bergekommando und -fahrzeuge sollten bereitstehen, damit umgehend nach Ende des Treibens die erlegten Stücke rasch geborgen werden können. Ist eine zentrale Aufbrechstätte eingerichtet, lassen sich viele Handhabungen unter kontrollierten Bedingungen abwickeln. Dies kommt der Wildbretqualität in der Regel zugute. Wird vor Ort im Revier aufgebrochen, sollten vor allem die Ansteller/Gruppenführer den Ablauf überwachen, um ein Höchstmaß an Wildbrethygiene zu gewährleisten.

PROBLEM: WILDBRETHYGIENE

Ein ständiges Konfliktfeld in puncto Wildbrethygiene ist die Länge der Treiben. Im Schnitt dauern große Drückjagden zwischen drei und vier Stunden. Da bereits nach Einnahme des Standes geschossen werden darf, kann es sein, dass ein früh erlegtes Stück mehr als vier Stunden liegt, bevor es geborgen wird. Bei zentralem Aufbrechen kommen ohne Weiteres noch ein bis zwei Stunden dazu, bis das Messer angesetzt wird. Die Veterinärmedizin sagt uns, dass bereits 45 Minuten nach dem Schuss die Keimschranke im Wildkörper gebrochen wird. Außerdem muss berücksichtigt werden, dass die meisten Drückjagden in Deutschland heute bei höheren Temperaturen stattfinden, als das früher der Fall war.

KONKRETE MASSNAHMEN

Wie lösen wir diesen Konflikt? Es nützt ja nichts, wenn wir sagen, früher funktionierte das ohne Probleme. Früher wurde allerdings auch nicht so genau auf die Qualität geschaut. Das Wildbret soll weiterhin vernünftig vermarktet werden, also müssen wir uns nach den heutigen Anforderungen des Marktes richten. Also: Aufbrechpausen während des Treibens? Wenigstens lüften vor Ort? Nur kurze Treiben? Oder vielleicht doch eher Einzeljagd? Aufbrechpausen werden bei einigen Drückjagden eingeräumt. Die Erfahrungen sind sehr unterschiedlich. Selbst wenn für diese Zeit Schussruhe angeordnet wird, können es sich manche doch nicht verkneifen, in dieser allgemeinen Pause anwechselndes Wild zu beschießen. Gleichzeitig kriecht der Nachbarschütze auf einer Schweißfährte bei der Suche nach seinem Stück durchs Gelände. Ein erhebliches Sicherheitsrisiko! Bei vielen Teilnehmern frisst das Umsetzen bei kurzen Treiben eine Menge Zeit. Und mit der Einzeljagd wird

Das Lüften der Blätter ist aus wildbrethygienischer Sicht kontraproduktiv.

SAU VON VORN

Drückjagd. Über einen kleinen Hügel kommt plötzlich eine Sau spitz auf mich zu. Ein Schuss flüchtig spitz von vorn kann nur eine Schweinerei werden. Also bleibe ich ganz ruhig auf dem Ansitzbock stehen und warte, bis die Sau auf etwa Schrotschussentfernung ran ist. Dann gehe ich mit dem Gewehr bewusst ruckartig in Anschlag. Auf diese Distanz nimmt auch das eher schlecht äugende Schwarzwild so eine Bewegung wahr und weicht instinktiv seitlich aus. So lässt sich ein Schuss sauber platzieren. Sitzt der Jäger noch bei Auftauchen der Sau, kann der gleiche Effekt durch erkennbares Aufstehen erzielt werden. Diese Vorgehensweise hat mir schon häufig zum Erfolg (und zu sauberen Schüssen) verholfen.

man in großen Waldgebieten nicht die notwendigen Streckenzahlen erreichen. Ein Dilemma. Der Konflikt zwischen Drückjagd und Wildbretqualität wartet also noch auf die ideale Lösung.

PASSIONIERTE DURCHGEHER

Für die Treiberwehr braucht man in erster Linie passionierte, ortskundige Durchgeher, an denen sich auch die anderen Helfer orientieren können. Verstärkt wird diese Mannschaft durch Hundeführer, deren robuste Vierbeiner nicht nur finden, sondern auch den Schneid haben, festsitzenden Sauen in die Keulen zu zwicken und sie so aus ihrem Lager zu sprengen, selbst wenn sich das im Schwarzdorn oder dichtem Brombeerverhau befindet. Dazu eignen sich Stöberrassen, wie Terrier, Teckel, Wachtelhund, Bracken usw. Ein guter Treiber hat ein Gespür dafür, wo die Sauen sich eingeschoben haben. Deshalb umkurvt er auch nicht die kleinen Verhaue, Wälle aus umgestürzten Bäumen oder Schwarzdorn-Dickichte. Fichtenhorste, Nadelholzdickungen oder Farninseln sind ebenso ein beliebter Tageseinstand wie dichte Buchenrauschen oder Weidengestrüpp. Es ist verkehrt anzunehmen, Sauen würden nur in stockfinsteren Einständen verweilen. Auch sie lassen sich gern von der Sonne die Schwarte wärmen (wenn es nicht gerade heiß ist) und wählen deshalb zum Beispiel gern Plätze (Südlagen), die diesen Komfort bieten.

Vorstehhunde sind für die Jagd auf Sauen nur bedingt zu empfehlen. Vor allem Frischlinge werden von ihnen schnell gegriffen, oder die Rotten und Rudel werden von den großen Hunden sofort auf Höchstgeschwin-

SCHUSS IN DEN WIND

Es war kein großes Revier, aber ein äußerst beliebtes Sauen-Zuhause. Kleine Drückjagden brachten gute Strecken. Pfiff von der Ostseite jedoch ein kalter Wind übers Feld in die beliebten Lagerstätten, war dort kein einziges Stück anzutreffen. Nach mehrfachen Nullnummern wurden solche Aktionen nur noch bei passender Wetterlage erfolgreich in Angriff genommen.

Um Sauen auf die Läufe zu bringen, ist eine gute Treiberwehr notwendig.

digkeit gebracht. Führer von Vorstehhunderassen bieten sich in heutiger Zeit gern als Durchgehschützen an, da es für ihre Vierläufer im Niederwildsektor kaum noch etwas zu tun gibt. Das Gesetz des Örtlichen (Gelände, Größe, Wildvorkommen) ist jeweils entscheidend für den Hundeeinsatz. Eine Durchmischung mit den unterschiedlichsten Eigenschaften (Größe, Fährtenlaut, Durchgeher, Standschnaller, eventuell Meute) ist eine gute Gewähr dafür, dass alle Wildarten auf die Läufe gebracht werden. Folgende Vorgehensweisen sind bei einer Bewegungsjagd auf Schwarzwild möglich:

1. Große Treiberwehr (auch mit Hunden), zusätzlich Standschnaller
2. Verzicht auf menschliche Treiber, eine große Zahl von Stöberhunden wird vom Stand geschnallt
3. Wenige bis keine Hunde, Treiber marschieren leise durch, eine wirkliche Drückjagd
4. Einsatz von Hundemeuten, die gezielt attraktive Saueneinstände aufsuchen
5. Reine Bracken- oder Teckeljagd

Patentrezepte gibt es nicht, es muss die passendste, sprich effektivste Methode für das jeweilige Revier gefunden werden. Problem: Wiederkäuendes Schalenwild wird sich immer irgendwie bewegen lassen (mitunter viel zu früh und viel zu schnell), Sauen liegen manchmal jedoch so fest und wehrhaft in der Deckung, dass es massiven Drucks bedarf, um sie in Bewegung zu bringen. Deshalb ist ein gezieltes Aufsuchen dieser Stellen mit Hund und eventuell menschlicher Unterstützung für eine erfolgreiche Drückjagd auf Sauen fast unerlässlich.

TRAININGSLAGER: SAUGATTER

Die unterdessen in vielen Bundesländern eingerichteten Saugatter geben dem Hundeführer Gelegenheit, den Hund unter kontrollierten Bedingungen zu trainieren und sein Verhalten an Schwarzwild zu studieren. Sehr schnell lässt sich so der Charakter eines Hundes ablesen: Die Übermütigen bringen die eher sanftmütigen Gattersauen kurz in Rage, die sich aber als kampferprobte Gladiatoren gut zu wehren wissen. Treibt der Hund es gar

Vorstehhunde werden mangels anderer Arbeiten vermehrt auf Drückjagden eingesetzt.

Saugatter haben sich in den vergangenen Jahren als Übungsstätte für Jagdhunde etabliert.

Auch auf Drückjagden sollten Jäger umsichtig und mit der notwendigen Sorgfalt jagen.

zu doll, verpassen sie dem Angreifer einen Hieb oder überrollen ihn einfach. Sie haben Erfahrung mit diesen Rangeleien und entwickeln sehr schnell ein Gefühl, was für ein Hundetyp da auf sie zukommt. Spannend ist, was der Hund aus diesen Begegnungen lernt. Die einen zeigen nach der Zurechtweisung mehr Respekt, bleiben aber hartnäckig dran. Andere werden nach der ersten saumäßigen Bestrafung richtig fuchtig und greifen erst recht blindwütig an. Das lässt sich eine Gattersau nicht so einfach bieten und versucht, sich dieses Quälgeists zu entledigen. Spätestens dann greift der Gattermeister ein, denn dann kann es für beide Seiten gefährlich werden. Schließlich gibt es noch die Scheinkämpfer, die nach erstem vorsichtigen Herumgetanze und einem missbilligenden Blick der borstigen Kontrahenten eifrig den ungefährlichen Teil des Geheges absuchen und kräftig markieren. Es ist davon auszugehen, dass auch in freier Wildbahn vor allem erfahrene Sauen sehr schnell instinktiv wissen, was für ein Hundetyp da auf sie zukommt. Und vor einem reinen Kläffer werden sie wohl kaum die Flucht ergreifen. Ich habe es selbst beobachtet, dass Hunde lieber einen großen Bogen um das Sauenlager machen, als sich auf einen Kampf einzulassen. Der Hundegesundheit ist das zuträglich, dem Erfolg auf der Jagd allerdings nicht.

ÜBERLEGT SCHIESSEN

Kommen Sauen auf Drückjagden vor, brennen nicht wenigen Jägern die Sicherungen durch. Das gilt übrigens auch für den Fuchs. Es wird auf alle Entfernungen und aus allen Winkeln Funken gerissen. Natürlich enthält jeder Schuss das Risiko eines schlechten Treffers, das lässt sich selbst bei einem jagdlichen Elfmeter nicht ausschließen. Als Minimalanspruch sollte jedoch gelten, dass der Jäger wenigstens das Gefühl haben sollte, einen sauberen Treffer anbringen zu können. Es zeugt von Reife und Verantwortung eines Jägers, wenn in solchen Situationen nicht va banque gespielt wird und der Finger gerade bleibt, wenn das Risiko des Krankschießens zu groß ist. Hier wird nicht auf Scheiben geschossen, sondern auf lebendes Wild, dem unter Um-

Sauen zeichnen kaum. Alle Anschüsse müssen deshalb kontrolliert werden.

ständen durch unbedachtes Handeln erhebliche, vielleicht sogar lang anhaltende Schmerzen zugefügt wird. Wer diesen Anspruch mit auf seinen Drückjagdstand nimmt, ist mental richtig aufgestellt. Strecke soll gemacht werden, aber nicht um jeden Preis (zu Lasten des Wildes). Das urige, wilde und wehrhafte Auftreten unserer Sauen verleitet leicht zu der Annahme „das stecken die schon weg". Keulen- oder Gebrechschüsse, die auch erfahrene Nachsuchengespanne an ihre Grenzen bringen, tun ihnen aber mit Sicherheit genauso weh wie anderem Schalenwild. Es wäre zu wünschen, dass diese Einstellung auch in der Jungjägerausbildung stärker vermittelt wird.

ZEICHNEN BEI SAUEN

Sauen zeichnen, wenn überhaupt, kaum erkennbar auf den Erhalt der Kugel. In den meisten Jagderzählungen rollieren sie ständig. Das hört sich eindrucksvoll an, ist aber größtenteils dichterische Freiheit. Es passiert am ehesten, wenn eine Wutz im vollen Lauf die Kugel im vorderen Bereich des Blattes erhält oder hoch am Vorderlauf getroffen wird. Häufiger signalisiert das Pflügen mit dem Wurf im Boden einen tödlichen Treffer. Schwieriger zu erkennen ist gerade beim Schwarzwild ein Treffer im hinteren Körperbereich. Wenn überhaupt ist höchstens ein kurzes Zusammenkrümmen und das Absenken des Pürzels zu bemerken. Bei Weichschüssen ist zudem selten etwas am Anschuss zu finden. Lautes Klagen nach Erhalt der Kugel lässt auf einen Wirbelsäulen- oder Nierentreffer schließen. Je größer die Sauen, desto größer die Gefahr von Krellschüssen. Die langen Rückenborsten werden unter Stress aufgestellt und lassen die Stücke größer wirken. In Verbindung mit den langen Dornfortsätzen der Wirbelsäule, bewirken hoch auftreffende Geschosse Krellschüsse. Auf einem Stück, das blitzartig zusammenbricht und eventuell nachhaltig mit den Läufen schlegelt, sollte der Schütze immer draufbleiben und im Zweifel sofort nachschießen. Falls sich eine gekrellte Sau tatsächlich noch berappelt, startet sie eventuell sofort durch. Wer dann nicht präpariert ist, hat das Nachsehen. Auch deshalb, weil gekrellte Stücke meistens auch vom Nachsuchengespann nicht mehr einzuholen ist. Manche Stücke heilen diese Wunden zwar wieder aus, aber das bleibt eine vage Hoffnung. Eine nicht nur unweidgerechte, sondern auch asoziale Haltung legen Teilnehmer einer Drückjagd an den Tag, die Schüsse verschweigen. Natürlich ist es nicht angenehm, mögliche Fehlschüsse zu offenbaren. Die Frage ist nur, ob es sich wirklich um Fehlschüsse handelt. Gerade bei Sauen lässt man sich schnell täuschen aufgrund des mangelnden Zeichnens und der fehlenden Pirschzeichen, speziell bei Schüssen, die außerhalb der Kammer liegen.

ALLE ANSCHÜSSE KONTROLLIEREN

Deshalb müssen Schweißhundführer eingesetzt werden, die den Ort des Geschehens auch bei einem vermeintlichen Fehlschuss sorgfältig kontrollieren. Ein Kugelriss ist, im

Gegensatz zu vielen Behauptungen, kein einwandfreies Indiz, dass der Schuss danebenging. Unsere Hochleistungsgeschosse liefern meistens Ausschuss.
Also kann die Kugel auch erst nach Durchdringen des Wildkörpers in den Boden eingedrungen sein. Ebenso ist ein Anstreifen oder Durchschlagen von Astwerk vor dem Stück keine Garantie für die „Unberührtheit" des Zielobjektes, denn selbst Splitter können erheblichen Schaden anrichten. Die Hundenase wird das aufspüren. Wird ein glatter Fehlschuss durch dieses Kontrollorgan aus Hund und Führer bestätigt, ist das zwar für den Schützen bedauerlich, aber die Jagdleitung und der Schütze können damit gewiss sein, dass kein Stück durch diesen Schuss verletzt im Revier umherirrt. Nach dem tödlichen Treffer ist der glatte Fehlschuss der zweitbeste Schuss! Außer der Eitelkeit des Schützen ist nichts weiter verletzt worden.
Unanständig ist es auch, bei einer zusammengeballten Rotte in den „Haufen" einfach hineinzuhalten. Zu groß die Gefahr von Kollateralschäden, die schlimmstenfalls nicht mal bemerkt werden. Auch wenn es schwerfällt, es gibt Situationen auf Drückjagden, bei denen Rotten so kompakt anwechseln, dass ein verantwortbarer Schuss nicht abgegeben werden kann, weil kein Stück freizubekommen ist. Bei Rot- und Damwild kommt das noch häufiger vor.
Das ist zwar bitter für den erwartungsvollen Jäger, aber wünscht man sich stattdessen lieber keinen Anblick? Dann können die vielen Stunden auf dem Ansitzbock ziemlich zäh werden …

Beim Schuss auf ein Stück innerhalb einer sich bewegenden Rotte muss der Schütze Vorsicht walten lassen.

KEILERJAGD

Ein heißes Thema ist die Keilerjagd. Wenn man die Streckenstatistik anschaut, ist die Zahl der Sauen in den letzten Jahrzehnten zwar gewaltig angestiegen, die Zahl der reifen Keiler fällt im Vergleich dazu relativ bescheiden aus. Wenn man die eindrucksvollen Berichte von Snethlage, Frevert oder Fries liest, sind starke Bassen bei ihnen so ziemlich auf jeder Drückjagd vorgekommen, oder sie sind auf der Einzeljagd bei (damals offensichtlich häufigerem) Schnee ausgegangen worden. Nun legten die Alten bei ihren Jagderzählungen auch gern mal eine Schippe drauf, aber in Relation zur Menge der Sauen damals gab es definitiv einen größeren Anteil ausgewachsener Keiler. Für viele der passionierten Sauenjäger ist es ein Traum, einmal im Leben einen richtigen Bassen zu strecken. Wobei sich die Frage stellt, worauf der Erleger spekuliert: das Gewicht oder die Waffen? An die gewaltige Fleischportion denken wohl die wenigsten.

Am liebsten will ein Jäger natürlich beides – einen richtig schweren Urian mit einem prächtigen Gewaff. Diese Kombination gleicht heute schon beinahe einem Lotteriegewinn. Selbst Keiler mit deutlich über 100 Kilogramm Gewicht (aufgebrochen) müssen noch längst nicht das Reifealter erreicht haben. Es spielt eine wesentliche Rolle, wann so ein Stück erlegt wird: im September/Oktober frisch gemästet wie ein Maishähnchen oder nach der Rauschzeit. Die Winterschwarte eines Keilers punktet ebenfalls gewaltig beim Gewicht. Sie kann bis zu 30 Prozent des Gesamtgewichts ausmachen. Wer einen wohlgenährten Brummer mit über 100 Kilogramm erlegt, kann längst nicht sicher sein, ein prächtiges Gewaff in seinem Jagdzimmer aufhängen zu dürfen. Bei geringem Alter messen die Gewehre häufig deutlich unter 20 Zentimeter. Übrigens: Wer ein Gewaff professionell auspunkten lässt, wird sehen, das nicht die Länge der Waffen, sondern die Breite die Punkte bringt.

Die Erlegung eines reifen Keilers ist der Traum vieler Jäger.

ZAHNWACHSTUM

Vortragsreise mit Heinz Meynhardt im niedersächsischen Celle. Der Saal gerammelt voll, alle begeistert von dem Vortrag des DDR-Filmers. In der anschließenden Diskussion fragt ein in der Region sehr bekannter Bundesförster: „Herr Meynhardt, die Wildforschung in der DDR ist ja schon sehr weit. Hat sie schon ein Mittel gefunden, dass das Zahnwachstum der Keiler fördert?" Meynhardt, unterdessen ein Profi auf solchen Veranstaltungen, erlebte ich zum ersten Mal sprachlos.

LEICHTE SAU, STARKE WAFFEN

Interessanterweise lagen die meisten alten Keiler, die ich in Deutschland auf der Strecke gesehen habe, vom Gewicht her (teilweise deutlich) unter 100 Kilogramm, hatten dafür aber manchmal sehr ansehnliche Waffen. Das ist nicht selbstverständlich. Das Zahnwachstum scheint auch Veranlagung zu sein. Zudem sollte beachtet werden: Je älter Keiler werden, umso stärker ist die Gefahr, dass die Waffen beschädigt sind – durch Rivalenkämpfe oder ganz einfach durch Gebrauch als Hebel bei ihrer Wühltätigkeit. Einen Keiler in freier Wildbahn auf sein Zielalter von sieben Jahren (damit gilt er nach offizieller Nomenklatur als „Hauptschwein") zu taxieren, ist fast ein Ding der Unmöglichkeit. Die Körperstärke ist kein wirkliches Indiz, und die Qualität der Waffen ist bei den zumeist schwierigen Lichtbedingungen äußerst schwer zu bestimmen. Größe, Schwerpunkt des Gewichts vorn, kurzer breiter Schädel, ausgeprägter Buckel (Karpfenrücken) und ein langer Pürzel sind zwar wichtige Anhaltspunkte, geben aber keinen wirklichen Aufschluss, wie zum Beispiel die Merkmale bei einem Rothirsch. Hilfreich können beim Abfährten die Größe der Tritte und die vorne stumpf abgerundeten Schalenabdrücke der Vorderläufe sein, denn das sind wirklich altersbedingte Abnutzungserscheinungen. Neben dem Gewaff ist die Winterschwarte von Keilern eine begehrenswerte Trophäe. Sie kann die Wand des Jagdzimmers eindrucksvoll bereichern. Auch als „Bodenläufer" wirkt die Schwarte besonders eindrucksvoll und das über viele Jahre, da die Borsten den Belauf gut aushalten. Keiler entwickeln mit den Jahren als sekundäres Geschlechtsmerkmal einen ausgeprägten Schild. Es ist eine Hautverdickung aus Bindegewebsfasern, die im Laufe der Jahre eine Dicke von mehreren Zentimetern erreichen kann. Sie erstreckt sich über den ganzen Brustkorb mit einem Schwerpunkt im vorderen Blattbereich. Der Schild dient als Schutz bei innerartlichen Auseinandersetzungen in der Rauschzeit. Der Keiler verstärkt diesen Schutz noch von außen durch intensives Suhlen und Malen. Bei einem richtig dicken Schild (man nennt solche Exemplare auch Panzerschwein) muss der Gerber darauf achten, dass diese Schwarte nicht zu einer Wippe wird, wenn sie auf den Boden gelegt werden soll.

Trittsiegel können Aufschluss über die Stärke geben.

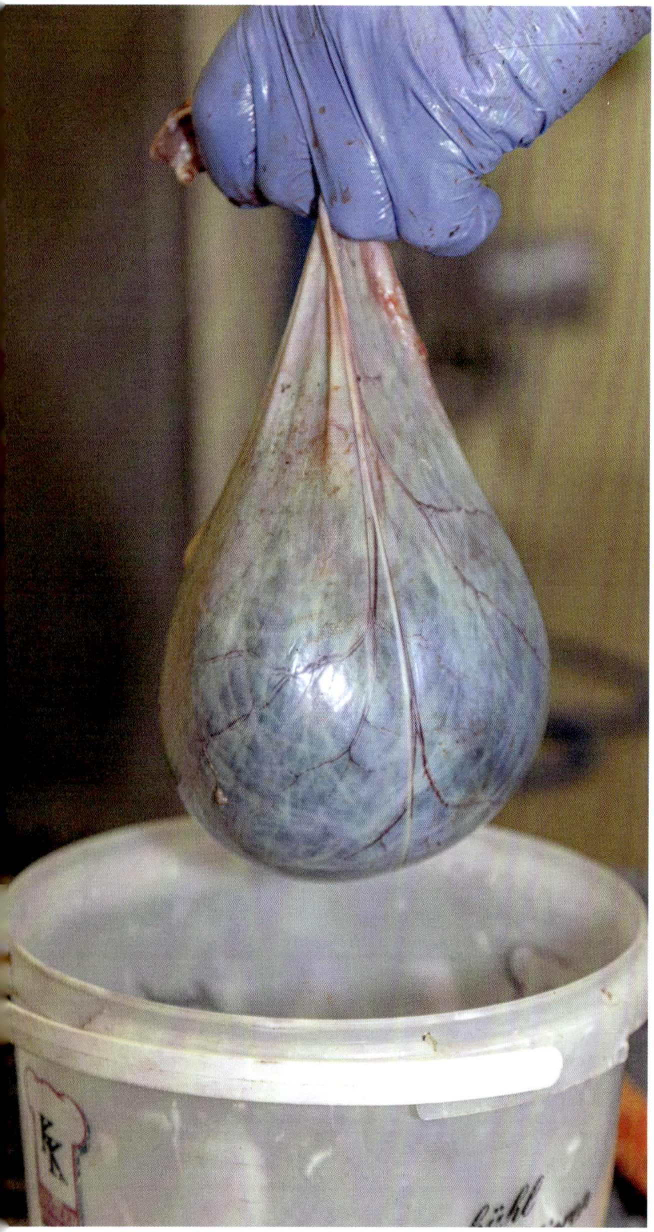

01

WIE MAN KEILER LOCKT

Rehe und Hirsche lassen sich rufen, der Fuchs mit einem Luderschacht verführen, aber gibt es auch eine Möglichkeit, Keiler anzulocken? Rudi Knaack, ein gewitzter Jäger aus der Uckermark, kam durch Zufall auf eine erfolgreiche Methode: Als er einen Keiler gestreckt hatte, fuhr er noch mal am nächsten Tag zur Aufbruchstelle, weil er etwas liegengelassen hatte. Vollkommen überrascht sah er, dass sich ein mächtiger Basse in den Aufbruchresten wälzte, als sei sein Keiler vom Vortag wieder auferstanden. Knaack zögerte nicht lange, und erlegte innerhalb von 24 Stunden den zweiten Keiler über 100 Kilogramm. Dieses Phänomen ließ ihm keine Ruhe, und er fand beim Wälzen alter Jagdliteratur den Hinweis, dass die Blase bzw. deren Geruch Konkurrenten über weite Entfernungen anlockt. Deshalb platzierte er eine Keiler-Duftfahne mit Blaseninhalt auf zwei Meter Höhe an einem Malbaum. Dafür wird die meist prallvolle Blase eines erlegten Keilers vorsichtig freigelegt und die Flüssigkeit in einen fest verschließbaren Eimer entleert. Um mit dem „Keilergold" sparsam umzugehen, füllt Rudi Knaack den Blaseninhalt in einen Wasserzerstäuber für Blumen. Zusammen mit Buchenholzteer schafft er so einen olfaktorischen Hammer. Auf die Art kommen jedes Jahr neue Keilerwaffen an seine Trophäenwand. Und die kann sich wahrlich sehen lassen.

01 Mit dem Blaseninhalt eines erlegten Keilers lassen sich weitere Bassen anlocken.

02 Ein im Sommer erlegter Keiler ist in der Regel problemlos zu verwerten.

03 Rohes Schweinefleisch sollte keinesfalls an Hunde verfüttert werden.

VERWERTUNG VON RAUSCHIGEN KEILERN

Bei der Vorstellung von der Begegnung mit einem urigen Keiler im Winter, möglichst noch bei Schnee, bekommen viele Weidmänner leuchtende Augen. Da gibt es nur einen Haken: Von Oktober bis in den Janu-

02

ar (und manchmal noch zur „Unzeit“) ist Herr Keiler auf Fortpflanzung gepolt. Und das verleiht ihm eine so intensive Duftnote, dass bei jedem Veterinär der Daumen sofort nach unten zeigt: genussuntauglich! Dieses Aroma nimmt auch jeder Laie wahr, spätestens bei einer Kochprobe. Spezialisten verwursten solche Stücke noch. An Hunde lässt es sich auch nicht verfüttern wegen der Gefahr der Aujeszkyschen Krankheit. Da bleibt häufig nur die Entsorgung über die Tierkörperbeseitigung. Ein trauriges Ende eines vermutlich großartigen jagdlichen Erlebnisses. Deshalb sollte sich jeder Jäger genau überlegen, ob ein so stolzes Tier dieses Ende wegen ein paar Zähnen oder einer Schwarte verdient hat. Wesentlich besser ansprechen (und verwerten) lässt sich im Übrigen ein Keiler in den Sommermonaten. Dann muss man allerdings auf das imposante Wintergewand verzichten. Eine Lösung für die Schwierigkeit mit der Verwertbarkeit von rauschigen Keilern präsentierte mir ein guter Freund, Dr. Volker Döring aus Gerolzhofen, leider jagt er unterdessen schon in den ewigen Jagdgründen. Sein Hintergrund als Veterinär und Amtstierarzt gab Sicher-

03

heit, dass es sich hierbei nicht nur um ein kreatives Hausrezept handelt, das zwar funktioniert, aber aus wildbrethygienischer Sicht nicht vertretbar ist. Die genaue Vorgehensweise von Döring ist im Textabschnitt „Verwertung rauschiger Keiler“ auf Seite 149 nachzulesen.

ALLGEMEINE TIPPS

Neben den Tipps und Tricks, die einer konkreten Jagdart zuzuordnen sind, gibt es noch zahlreiche weitere Kniffe für die Schwarzwildjagd.

Nicht jede Jagdhundrasse, nicht jeder Vierläufer ist für die Jagd am Schwarzwild geeignet. Außerdem fürchten nicht wenige Hundeführer die Verletzungsgefahr, die mit dem Einsatz an Sauen verbunden ist. Schwarzwild ist eine wehrhafte Wildart.

AUF DIE HUNDE KOMMT ES AN

Die kleinsten Vierbeiner, die Teckel, können durchaus Sauen in Gang bringen und eine Menge bei der Arbeit am Schwarzwild leis-

Nur mit gut eingearbeiteten Hunden lassen sich die Sauen auf die Läufe bringen.

ten. Besonders bei Kurzläufigen ist die richtige Schärfe-Dosierung am Stück wichtig. Sie sollen Schneid zeigen, aber auch gleichzeitig soviel Verstand haben, dass sie sich nicht kopflos auf den großen Gegner stürzen. Ein Zupacken an Hinterpartie oder Teller ist schon Risiko genug. Eine nahezu frontale Konfrontation kann heikel werden, denn die nach außen eher plump wirkenden Sauen können blitzschnell reagieren. (Jagd) Terrier gelten als ausgesprochene Sauhunde, da sie von Haus eine große Angriffslust und Schärfe mitbringen. Leider manchmal auch kopflos und damit deutlich zu viel. In Saugattern lässt sich das gut beobachten. Das sieht bei diesen springlebendigen Hunden zwar sehr mutig und beeindruckend aus, führt aber in der Praxis häufig zu Verletzungen, Tierarztkosten oder gar Verlust. Bei einer Neuanschaffung ist anzuraten, die Geschichte des Zwingers genau zu prüfen, denn es gibt Züchter, die eindeutig die scharfe Linie bevorzugen. Häufig sind diese Hunde zwar leistungsstark, aber nicht besonders langlebig. Ein Vorteil der kleinen Jagdhunderassen ist ihr geringes Körpergewicht. Das verringert den Widerstand, wenn sie mal von einer Sau durch die Luft geschleudert werden. Die Gefahr von schweren inneren Verletzungen ist so deutlich geringer als bei großen Hunden.

Brackenschläge sind in der unterschiedlichsten Form im Einsatz (zum Beispiel Kopov, Polnische Bracke, Tiroler und Steirische Bracken, Schwarzwild- und Olper Bracke). Auch hier ist es wichtig, vor einem Kauf in den Stammbaum und die Prüfungszeugnisse zu schauen, um zu erfahren, was diese Linie auf dem Gebiet der Schwarzwildjagd geleistet hat. Es gibt ausgesprochen griffige Vertreter, aber auch die eher eleganten, die gern um Schwarzdorn oder Brombeerverhaue einen Bogen machen.

Der Wachtelhund ist ein idealer Stöberhund und Solojäger. Ob sie einer widerwilligen Sau an die Schwarte gehen, hängt wiederum

Wachtelhunde wurden als alleinjagende Stöberhunde gezüchtet.

vom Typ und der Erziehung ab. Da sie als Solojäger überwiegend vom Stand geschnallt werden, müssen sie mit der Situation im Treiben selbst fertig werden. Durch ihre Veranlagung zur Einzeljagd bringen sie gute Findereigenschaften ins Rennen. Sie suchen, im Unterschied zu Durchgehern mit Hunden und Meuten, die Treiben großflächig ab, einige „Fernaufklärer" auch deutlich darüber hinaus.

Natürlich können auch andere Hundeschläge für die Sauenjagd geeignet sein. In Meuten erlebt man häufig einen Querschnitt durch alle Rassen, vom Finder bis zum Packer. Entscheidend sind die Vielfältigkeit, unterschiedliche Fähigkeiten und die Verträglichkeit untereinander. Gute Meuten sind in der Lage, festsitzende Sauen wirklich zu sprengen, selbst in schwierigem Gelände. Bei den massiven Gemeinschaftsangriffen einer solchen Truppe wird das Stück deutlich häufiger gebunden und muss vom Meuteführer abgefangen werden. Wie schon zuvor erwähnt, suchen auch viele Führer von Vorstehhunden mangels Niederwild für ihre vierbeinigen Begleiter Einsatzmöglichkeiten und gehen mit ihnen durch. Als Sauhunde kann man sie sicher nicht be-

zeichnen, auch wenn bei genügender Übung und Erfahrung einige von ihnen gute Leistungen an den Tag legen.
Der berühmte Sauenjäger und Rüdemann Rudolf Frieß (Hatz Watz) hat schon vor 75 Jahren geschrieben: „Wer Sauköppe haben will, muss Hundeköppe drangeben.“ Wahrscheinlich würde er auch über die heutige Ausstattung der Hunde auf Drückjagden mit Schutzwesten verächtlich lächeln. Doch im Umgang mit Tieren, speziell zu denen, die mit Menschen eng zusammenleben, hat sich seit Frieß’ Zeiten sehr viel geändert. Das hat sich auch auf die jagdliche Hundehaltung nachhaltig niedergeschlagen. Doch keine Frage, der Hundeeinsatz auf Schwarzwild birgt nach wie vor eine Menge Gefahren, und jeder Hundebesitzer, der seinen treuen Begleiter auf Sauen jagen lässt, tut gut daran, alles für dessen Schutz zu tun – von der Ausbildung bis hin zu einer optimalen Ausstattung bei seinem Einsatz.

BEJAGUNGSMODELLE

Zunehmende Bestände, ausufernde Wildschäden und eine Verzwergung der Wildschweine waren 1969 Anlass für den Kreisjägermeister von Lüneburg, Norbert Teuwsen, mit anderen Jägern der Region das sogenannte Lüneburger Modell zur Bejagung des Schwarzwildes ins Leben zu rufen. Ein guter Ansatz, der auf den damaligen Verhältnissen beruhte. Im Vergleich zu damals haben sich die Strecken heute mehr als verzehnfacht, und deshalb haben diese Überlegungen eher historischen Charakter. Allerdings wurde das Lüneburger Modell weit über seinen damaligen Raum bekannt und auch umgesetzt. Der große Verdienst dieses Modells liegt in erster Linie darin, dass man nach einer teilweise üblen Form der Bekämpfung des Schwarzwildes zu einer kontrollierten Bejagung überging, dieser Wildart also auch Elemente einer anständi-

Mit dem Lüneburger Modell sollten die ausufernden Wildschäden unter Kontrolle gebracht werden.

Einzeln ziehende Stücke sind nach dem Lüneburger Modell in der Regel zu schonen.

gen Bejagung zukommen ließ. Das ist auch aus den zwölf Programmpunkten des Modells gut herauszulesen. Eine absolute Schonzeit, strikte Gewichtsbegrenzungen, die Einschränkungen bei der Feldbejagung und Ähnliches kann man sich bei den heutigen Beständen nicht mehr leisten. Auch die Hege von Keilern lässt sich in heutigen Zeiten, zumal in Phasen der Afrikanischen Schweinepest, nur schwer vertreten. Trotzdem verdient diese Initiative großen Respekt, weil das Schwarzwild damit zu einer Wildart wurde, die nicht mehr wie ein Schädling verfolgt, sondern bewirtschaftet wurde.

GRUNDSÄTZE DES LÜNEBURGER MODELLS (1969)

- Stücke über 50 kg sind zu schonen. Den Jägerschaften bzw. Hegegemeinschaften bleibt es überlassen, die Gewichtsschwelle zu senken. Die Toleranzgrenze sollte 10 % nach oben nicht überschreiten.
- Aus der Rotte ist zunächst immer das schwächste Stück zu erlegen.
- Einzeln ziehende Stücke sind, soweit es nicht kranke oder bunte Stücke oder jagdbare Keiler sind, grundsätzlich zu schonen.
- Bunte und kranke Stücke sind im ganzen Jahr bei Beachtung der gesetzlichen Schonzeit und waidmännischer Grundsätze ohne Gewichtsbegrenzung frei.
- Frischlinge sind früh und scharf zu bejagen. Sobald das Streifenmuster verschwindet, sollte mit der Bejagung begonnen werden.
- Von den Überläufern sind in erster Linie schwache Stücke zu strecken. Männliche Überläufer sind nach Möglichkeit zu schonen. Die Gewichtsgrenze von 50 kg sollte in den Sommermonaten nicht ausgeschöpft werden.
- Ein Stamm alter, erfahrener Bachen ist zu erhalten.
- Wenn erforderlich, können in den Hegegemeinschaften einzelne Bachen ab 1. November freigegeben werden. Diese Abschüsse sollten der Einzeljagd vorbehalten bleiben.

Adulte Bachen sorgen etwa für ein Drittel der Gesamtreproduktion eines Schwarzwildbestandes.

Eine zurückhaltende Bejagung männlicher Stücke sorgt relativ rasch für einen Anteil von alten Keilern im Bestand.

- Dabei sind vorrangig Bachen, die zur Unzeit, zumindest solche, die in der Zeit vom 1.7. bis 30.11. gefrischt haben, samt Nachwuchs dem Bestand zu entnehmen.
- Gruppenkeiler sind innerhalb der Hegegemeinschaften etc. kontingentiert freizugeben und ab 1.9. zu bejagen. Als jagdbar gelten Keiler, die mindestens fünf Jahre alt sind oder 100 kg und mehr (aufgebrochen) wiegen. Das Gewaff soll, die Schwarte kann bei Trophäenschauen gezeigt werden.

Das Gewaff von stärkeren Gruppenkeilern sollte nach dem Lüneburger Modell auf Trophäenschauen vorgezeigt werden.

- Vom 1.2. bis 15.6. soll die Jagd auf Schwarzwild grundsätzlich ruhen. Der Abschuss von Überläufern in der Schonzeit der groben Sauen würde in der Praxis einer ganzjährigen Bejagung des Schwarzwildes mit den bekannten negativen Auswirkungen gleichkommen. In Schadensfällen können in der Zeit vom 1.2. bis 31.3. unter Beachtung der Gewichtsgrenze von 50 kg Frischlinge des Vorjahres und des laufenden Jahres erlegt werden. Vom 1.4. bis 15.6. sind nur noch Stücke bis 25 kg (aufgebrochen) frei. Zur Abwendung unzumutbarer Schäden in der Zeit vom 1.2. bis 15.6. sind Anträge auf Abschuss stärkerer Stücke an die Hegegemeinschaften bzw. die Kreisjägermeister zu richten.
- Die Intensität der Bejagung muss sich nach der Bestandsentwicklung richten und wird in den Hegegemeinschaften geregelt. **Eine Strecke mit folgender Gliederung ist anzustreben:**
- Stärkere Stücke einschl. Gruppenkeiler: 10 %
- Stücke unter 50 kg (Überläufer): 20 % (höchstens)
- Frischlinge: 70 % (mindestens)
- Als Richtzahl muss gelten: Auf drei bis vier Frischlinge ein Überläufer

Die vorstehenden Grundsätze der Bejagung sollten bei Gesellschaftsjagden und auf der Einzeljagd konsequent angewendet werden. Unkundige Jäger sind eingehend zu unterrichten. Das Schwarzwild ist wie keine andere Wildart auf die waidmännische Haltung der Jäger angewiesen. Das Lüneburger Modell stützt sich auf freiwillige Beschlüsse der Jägerschaften im ehemaligen Kreis Lüneburg. Seine Erfolge werden bundesweit anerkannt. Es fordert dem Jäger ein hohes Maß an Können und Verantwortungsbewusstsein ab. Loyalität ist die Grundlage für eine erfolgreiche Arbeit.

SCHORFHEIDER SCHWARZWILDKONVENTION

Es gibt grundsätzlich zwei Möglichkeiten, um eine Population zu beeinflussen: Entweder man senkt die Produktivität oder erhöht die Mortalität. Um nicht irgendwann mit einer Anti-Frischlings-Pille konfrontiert zu werden, muss scharf gejagt werden. Bei einer durchschnittlichen Reproduktionsrate von 250 % müssen aus einem Grundbestand von 100 Stücken rechnerisch 250 entnommen werden (oder anderweitig verenden), um den Ausgangsbestand wieder herzustellen. Dabei muss ein besonderes Augenmerk auf die Zuwachsträger gelegt werden. Ihr Anteil an der Gesamtstrecke sollte stets höher sein, als der der männlichen Tiere.

Frischlinge

- Frischlingsbachen machen insgesamt etwa 50 % der Gesamtreproduktionsrate eines Bestandes aus.
- Die Erlegung einer Frischlingsbache verhindert 5 potenziell neue Frischlinge*, da man jedoch nicht unterscheiden kann, ob es sich um einen männlichen oder weiblichen Frischling handelt, halbiert sich dieser Wert auf 2,5.
- Frischlinge sind bei jeder Gelegenheit zu entnehmen.
- Die Entnahme gestreifter Frischlinge darf kein Tabu sein.

Überläufer

- Überläuferbachen machen etwa 30 % der Gesamtreproduktionsrate eines Bestandes aus.
- Die Erlegung einer Überläuferbache verhindert 9 potenziell neue Frischlinge*.
- Überläuferbachen sollten in gemischten Verbänden stets zugunsten von Überläuferkeilern erlegt werden, sofern dies erkennbar ist.

Bachen

- Bachen machen etwa 20 % der Gesamtreproduktionsrate eines Bestandes aus.
- Die Erlegung einer adulten Bache verhindert 12 potenziell neue Frischlinge*.
- Um Schwarzwildbestände zu regulieren, ist eine Bachenbejagung unverzichtbar und muss deshalb enttabuisiert werden.
- Ihr Anteil an der Gesamtstrecke muss mindestens 10 % umfassen.
- Entnahmen während der kalten Jahreszeit bleiben ohne soziale Konsequenzen für die verbleibende Rotte.
- Es sollte jedoch stets eine adulte Bache im Verband verbleiben.
- Selbstständigkeit von Frischlingen ist nicht vor dem 6–7 Lebensmonat gegeben.

Keiler

- Alte Keiler übernehmen eine biologische Funktion und sollten im Bestand vorhanden sein.
- Bei keiner anderen Schalenwildart sind alte Stücke so schnell „zu erzeugen" wie beim Schwarzwild, denn jeder Bestand verfügt über mittelalte Keiler.
- Zurückhaltende Bejagung der ohnehin wenigen mittelalten Keiler, lässt einen höheren Anteil in die Reifeklasse hineinwachsen.
- Die durchschnittliche Reviergröße von Keilern liegt nach den vorliegenden Ergebnissen unter 1.000 ha (Kernstreifgebiete ca. 500 ha).
- Schon der Zusammenschluss von wenigen Jagdbezirken, kann daher das Heranwachsen alter Keiler ermöglichen.
- Aufgrund ihres äußerst geringen Anteils von unter 5 % an der Population, ist ihr Einfluss am Gesamtwildschadensaufkommen gering.

**Anzahl der Frischlinge, die dieses Stück rechnerisch noch zur Welt gebracht hätte*

VERSORGUNG

Bei der Versorgung erlegter Sauen kommt auf den Jäger eine besondere Verantwortung zu, da er das Wildbret von Haarwild ohne amtliche Fleischbeschau in den Handel bringen darf – es sei denn, ihm fallen bedenkliche Merkmale auf. Voraussetzung für diese eigenständige Vorgehensweise ist eine Qualifikation als kundige Person. Im Spätsommer beziehungsweise Herbst legen sich Sauen eine dicke Speckschicht (Weißes) zu. Wenn nach dem Schuss zu wenig Körperwärme aus dem erlegten Stück entweichen kann (z. B. mangels Ausschusses oder durch die Körperlage), kann schon nach kurzer Zeit eine stickige Reifung einsetzen (Verhitzen), die einen Fäulnisprozess einleitet. Eine lange Fluchtstrecke oder Auseinandersetzungen mit Hunden vor dem Schuss beschleunigen diesen Effekt ebenso wie hohe Außentemperaturen. Während bei der Einzeljagd das Stück im Normalfall rasch geborgen und versorgt werden kann, wächst die Gefahr des Verhitzens bei Drückjagden mit langen Treiben. Umso wichtiger ist es, nach Ende des Treibens sogleich aufzubrechen. Aufbrechpausen können dieses Problem zwar reduzieren, werfen aber andererseits Probleme bezüglich der Hygiene und der Sicherheit im Treiben auf. Deshalb bevorzugen viele große Reviere eine zentrale Aufbrechstätte, an der – im Gegensatz zum Aufbrechen vor Ort – alle Voraussetzungen für eine fachgerechte Versorgung im Hängen vorhanden sind, häufig einschließlich

Die Jagd auf rauschige Keiler ist zwar spannend, die Verwertung jedoch problematisch.

einer professionellen Aufbrechmannschaft. Dort können auch gleich in kontrollierter Form Proben (Trichinen, ASP) genommen und Wildursprungsscheine ausgefüllt werden inkl. Streckenliste und Nachsuchenorganisation. Im Übrigen: Das Brustbein sollte durchschärft werden. Das vor allem im Osten gern praktizierte Lüften der Blätter ist dagegen nicht empfehlenswert. Es schafft wenig Wärmeabfuhr und führt stattdessen nur zu unnötigen Verunreinigungen.

VERWERTUNG RAUSCHIGER KEILER

Die Jagd in der Paarungszeit des Wildes bietet für Jäger häufig besonders spannende Momente, da vor allem die männlichen Stücke nicht die übliche Vorsicht an den Tag legen. Eine problematische Komponente ist die Verwertung des Wildbrets nach einer Erlegung. Während man bei den Wiederkäuern noch von einer strengen Note sprechen kann, endet ein rauschiger Keiler leider häufig in der Tierkörperbeseitigung. Das stellt so einen Abschuss infrage. Mal abgesehen davon, dass es schwer wird, solch einen Abschuss mit einem vernünftigen Grund nach dem Tierschutzgesetz zu rechtfertigen. Über dieses Thema habe ich mich ausführlich mit dem leider unterdessen verstorbenen Dr. Volker Döring unterhalten. Er war Fachtierarzt für Wildtiere und Wildbiologe, praktizierte als Tierarzt und war amtlicher Tierarzt im Landkreis Schweinfurt. Als passionierter Jäger mit eigenem Revier verfügte er auch über den nötigen Praxisbezug. Er vertrat klar den Standpunkt, wer in der Rausche einen Keiler erlegt, muss auch bereit sein, ihn zu verwerten. Sonst solle er lieber den Finger gerade lassen.

Die Ursache für den ekelerregenden Geruch ist das Androstenon, ein Pheromon, dass der Keiler in den Hoden bildet. Es wird über den Speichel abgegeben, zirkuliert im Blut und wird auch als Reserve im Fettgewebe eingelagert. Um diese Geruchsbelastung

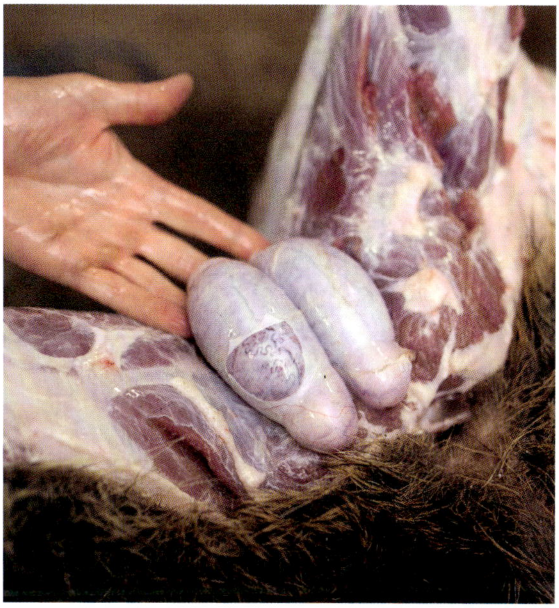

In den Hoden wird das übel riechende Pheromon gebildet.

auszuschließen, werden in der Hausschweinzucht die männlichen Ferkel kastriert. Damit auch ein rauschiger Basse unproblematisch verwertet werden kann, ist Folgendes zu beachten. Als Erstes ist ein gut platzierter Schuss in die Kammer notwendig, damit das Stück sofort gefunden wird und unverzüglich aufgebrochen werden kann. Am besten geschieht das (spätestens nach 45 Minuten) in einer Wildkammer. Begonnen wird das Aufbrechen mit einem Hautschnitt vom Becken links und rechts neben der Brunftrute um den Pinsel. Der Rundschnitt um den Pinsel sollte mindestens bierdeckelgroß sein, denn rund um den Pinselausgang (Präputium) sitzt der große Präputialbeutel. Er enthält neben Harn auch das Sekret der akzessorischen Geschlechtsdrüsen, was alles zusammen bestialisch stinkt. Wer dort einmal hineingeschnitten hat, wird es nicht vergessen! Danach den Pinsel an den Borsten fassen, anheben und Pinsel sowie Brunftrute beckenwärts absetzen. Die Brunftrute dann über dem Becken abschärfen, da sich die Harnröhre selbst verschließt. Danach wird vorsichtig (am besten mit einer Auf-

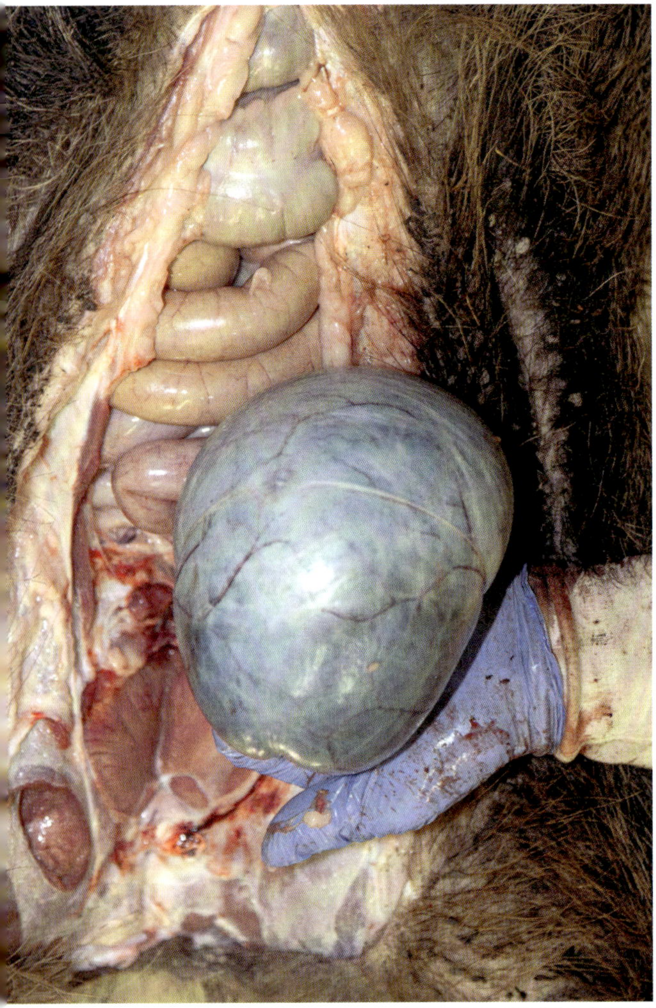

Bei der Entnahme der Blase sollte der Jäger äußerste Vorsicht walten lassen, sonst stinkt es zum Himmel.

brechklinge) die Bauchhöhle vom vorderen Beckenrand bis zum Brustbein geöffnet, um den Magen-Darm-Trakt zu entnehmen. Der Enddarm wird vor dem Becken nach vorn ausgestreift, abgebunden oder in sich verknotet und dann abgesetzt. Beim Aufbrechen im Revier werden Leber, Nieren, Herz und Lunge im Wildkörper belassen. Um gutes Ausschweißen zu gewährleisten, sollte die Brusthöhle durch einen bogenförmigen Schnitt am Rippenbogen entlang geöffnet werden. Das Stück wird anschließend so positioniert, dass das Blut aus der Brusthöhle abfließen kann. Das Lüften der Blätter sollte selbst bei starken Stücken unterlassen werden, weil dadurch unnötig viele Keime in den Wildkörper eindringen können. In der Wildkammer werden die Hautschnitte verlängert: vom Brustbein bis zum Kinnwinkel und vom Beckenanfang Richtung Weidloch zwischen den Steinen hindurch. Danach folgt das Lösen der Brunftkugeln und Durchtrennen des Samenstranges. Anschließend wird die Beckennaht durchtrennt. Die Entnahme der Harnblase muss mit besonderem Fingerspitzengefühl erfolgen. Der Harn von rauschigen Keilern stinkt genauso bestialisch wie das Sekret der akzessorischen Geschlechtsdrüsen und darf keinesfalls in Kontakt mit Muskelfleisch kommen.

ABSCHWARTEN

Gleich danach steht das Abschwarten an, denn der geschlechtsspezifische Geruch eines Keilers steckt vor allem in der Schwarte. Am besten geschieht das vor der Wildkammer. Dieser Akt wird mit neuen Schutzhandschuhen angegangen und beansprucht bei einem warmen Stück nur einen Bruchteil der Zeit im Vergleich zu einem gekühlten Stück. Beim Abschwarten sollten darauf geachtet werden, dass möglichst viel Unterhautfettgewebe an der Schwarte verbleibt, das Verbliebene muss sonst am Stück nach dem „Gyros-Prinzip" nachträglich abgesäbelt werden. Danach muss das Stück wie jedes andere final überprüft und gereinigt werden. Neben der üblichen Trichinenuntersuchung kann das Stück durch eine Kochprobe auf Genusstauglichkeit überprüft werden. Diese Bewertung war nach Ansicht von Dr. Volker Döring aber wenig aussagekräftig, da die Einschätzung sehr subjektiv erfolgt. Am sichersten sei eine Beurteilung durch den amtlichen Tierarzt. Auch in seinem Haushalt seien über 20 Keiler nach dieser Behandlung in den menschlichen Verzehr gelandet.

SERVICE

REGISTER

ÜBER DIE AUTOREN

Dr. Konstantin Börner, geboren 1978 im brandenburgischen Bernau, studierte Biologie und Agrarwissenschaften. Er promovierte in Wildbiologie über den Rotfuchs und ist heute wissenschaftlicher Mitarbeiter des Leibniz-Instituts für Zoo- und Wildtierforschung in Berlin sowie amtlich bestellter und vereidigter Sachverständiger für Jagd und Wildbiologie. Konstantin Börner jagt selbst seit seiner Jugend, hat ein Jagdrevier in Brandenburg gepachtet und ist Mitglied der „Gesellschaft für Wildtier- und Jagdforschung e. V.". Der Mitautor des Kosmos-Buchs „Fuchsjagd" publiziert als Wissenschaftsjournalist regelmäßig in wildbiologischen und jagdlichen Fachzeitschriften.

Frank Rakow beschäftigt sich bereits seit fast sechs Jahrzehnten mit der Jagd. Der 1949 geborene Journalist war im Rahmen seiner beruflichen Tätigkeiten für verschiedene Zeitschriften- und Buchverlage tätig. Trotz seiner vielfältigen Stationen hatten alle eines gemeinsam: Thematisch drehte sich alles um die Jagd. Rakow ist nach wie vor aktiver sowie passionierter Jäger und verteidigte jahrzehntelang unterschiedliche Reviere gegen Wildschäden. Durch intensiven Kontakt zu dem DDR-Schwarzwildforscher Dr. Heinz Meynhardt bekam Rakow zudem tiefe Einblicke in das Sozialleben des Schwarzwildes.

BILDNACHWEIS

Mit 157 Farbfotos von AdobeStock/gsshot S. 2 o., /www.wildtierfilmer.info S. 2 m., /WildMedia (2) S. 2 u., S. 116, /GERHARD S. 4, /lightpoet S. 6-7, /Nadine Haase S. 8, /Ana Gram S. 10, /Scharfetter S. 11, / Budimir Jevtic (3) S. 12, S. 81, S. 154, /Vera Kuttelvaserova S. 14, /Davide Zanin (2) S. 16, S. 17 l., /Naseeb S.17 r., /Kay S. 18 u., /zorandim75 S. 19, /Blue Moon S. 20 l., /Aurélien PAPA S. 20-21 m., /sumikophoto S. 21 r./dennisvdwater S. 22, /Rainer Fuhrmann S. 23, /asfloro S. 24, /Annette S. 26, /Christian Schwier S. 27, /Photohunter (4) S. 28, S. 53 r., S. 57, S. 65, /Branislav (2) S. 29, S. 145 o., /bobby310 S. 30 l., /brunok1 S. 30-31 m., /Alexander von Düren S. 32., /reinhard sester S. 38, /Herbert S. 39 o., /Константин Чимбай S. 39. U., /qrrr S. 40, /Dennis S. 41, /Janet Worg S. 42 o., /francescodemarco S. 42 u., /kyslynskyy S. 43, / Klaus (5) S. 44, S. 60, S. 133, S. 136, S. 142, /Ilja S. 45, /montypeter S. 47, /alexanderoberst S. 48, /Dorian S. 49, /formplus S. 55, /AB Photography S. 56, /photocech (3) S. 61, S. 117, S. 148, /prochym S. 63 r., /F. Zimmermann S. 66, /Oksana S. 67, /Schmutzler-Schaub S. 75, /bobby310 S. 76, /Tierney S. 79, /Lubos Chlubny S. 79, /Natureimmortal (2) S. 82, S. 160, /Valeria S. 86, /vaclav S. 87 o., /Dominik Kindermann S. 87 u., /photo-corona S. 88, /Arpad S. 89, /zeralein S. 94, /chairman S. 95, /zorandim75 S. 96, /Rionegro S. 98 o., /OLGA RA S. 105, /Artem S. 110, /Oliver S. 111 o., /Ivo Goetz S. 112, /Lisa Carter S. 113, /sheris9 (2) S. 119, S. 128, /Jürgen Fälchle S. 122, /Derkie (2) S. 125, S. 127 /Klaus S. 126, /PeterG S. 129, /ekaterina_devis S. 134, /eAlisa S. 135 l., /Bomenius S. 137, /Michael S. 138, /Trendy & Lifestyle S. 141 u., / Viktor S. 144, /sebgsh S. 145 u.x, /GERHARD S. 146 o., /Xalanx S. 149, /Klara Bakalarova S. 151, /Michal S. 152, /Orosz György Photogr S. 153, /Sabine Teichert S. 155; Karl-Heinz Volkmar (27) S. 5, S. 50, S. 52 l., S. 52-53 m., S. 58, S. 62 l, S. 62-63 m., S. 64, S. 69, S. 70, S. 71, S. 72, S. 77, S. 80, S. 82, 90-91, S. 92, S. 97, S. 98, S. 99, S. 100, S. 114, S. 115, S. 118, S. 124; Frank Rakow (19) S. 9, S. 31 r., S. 46, S. 93, S. 103, S. 104, S. 104-105 m., S. 106, S. 107, S. 109, S. 120, S. 123, S. 130, S. 132, S. 135 r., S. 139, S. 140, S. 141o., S. 143, S. 146 u., S. 150, S. 156 u.; Markus Lück (6) S. 15, S. 59, S. 101, S. 102, S. 121, S. 131; Konstantin Börner (5) S. 18 o., S. 34, S. 36, S. 84, S. 156 o.; Michael Stadtfeld S. 54;

Mit 12 Illustrationen (keine Unterscheidung in s/w und Farbe)
nach Vorlagen des Verfassers Konstantin Börner (6) von Typopoint GbRS S. 11, S. 25, S. 33, S. 34, S. 35, S. 55, Deutscher Jagdverband S. 13, Kay Elzner (2) S. 59, S. 84, Wilfried Sloman S. 85, Podgorski et al. 2013 S. 73, BROGI et al. 2021.

IMPRESSUM

Umschlaggestaltung von Büro Jorge Schmidt unter Verwendung von 1 Farbfoto von AdobeStock/Budimir Jevtic.

Mit 158 Farbfotos und 12 Illustrationen

Unser gesamtes Programm finden Sie unter **kosmos.de.**
Über Neuigkeiten informieren Sie regelmäßig unsere Newsletter, einfach anmelden unter **kosmos.de/newsletter**

Gedruckt auf chlorfrei gebleichtem Papier

ISBN 978-3-440-18086-0
Projektleitung und Redaktion: Markus Lück
Gestaltungskonzept: Peter Schmidt Group GmbH, Hamburg
Gestaltung und Satz: DOPPELPUNKT, Stuttgart
Produktion: Vanessa Frömmig
Druck und Bindung: Westermann Druck Zwickau GmbH, Zwickau
Printed in Germany / Imprimé en Allemagne

FSC
www.fsc.org
MIX
Papier | Fördert gute Waldnutzung
FSC® C110508